热爱的力量

李海峰　陈婉莹　主编

华中科技大学出版社
http://press.hust.edu.cn
中国·武汉

图书在版编目（CIP）数据

热爱的力量/李海峰，陈婉莹主编. —武汉：华中科技大学出版社，2024.3
ISBN 978-7-5772-0599-1

Ⅰ.①热… Ⅱ.①李…②陈… Ⅲ.①女性-成功心理-通俗读物
Ⅳ.①B848.4-49

中国国家版本馆 CIP 数据核字(2024)第 022673 号

热爱的力量
Reai de Liliang

李海峰　陈婉莹　主编

策划编辑：沈　柳	
责任编辑：陈　然	
封面设计：琥珀视觉	
责任校对：谢　源	
责任监印：朱　玢	
出版发行：华中科技大学出版社(中国·武汉)	电话：(027)81321913
武汉市东湖新技术开发区华工科技园	邮编：430223
录　　排：武汉蓝色匠心图文设计有限公司	
印　　刷：湖北新华印务有限公司	
开　　本：880mm×1230mm　1/32	
印　　张：7.625	
字　　数：190 千字	
版　　次：2024 年 3 月第 1 版第 1 次印刷	
定　　价：50.00 元	

本书若有印装质量问题，请向出版社营销中心调换
全国免费服务热线：400-6679-118　　竭诚为您服务
版权所有　侵权必究

PREFACE
序言　李海峰

罗曼·罗兰说：**"世上唯有一个真理，便是忠于人生并且热爱人生。"**

当我们谈论"热爱"时，我们究竟在谈论什么？是推动我们追求梦想、可以克服万难的初心，还是那份使我们在平凡生活中找到不平凡意义的情感？

看到书名，你也许会有以上的疑问。此刻的我，在编完整本书后，有了答案。写序的时候，我有快递送到了，是本书的组织者陈婉莹寄过来的食物。

我想，**这本书，大概率也会成为很多人的精神食粮**。

婉莹是我学习 DISC 的学姐，我们在课后，互动得并不多。直到有一次 DISC 学友线下聚会，我们有过深聊。然后，她把先生也送来学习 DISC。她北大毕业，先生就职于某互联网大厂。

她说，接下来她会投入更多的精力**去做人与人的联结工作**。我以

热爱的力量

为她就说说而已,没想到,去年我对外做联合出书项目,她抢先报名,并且快速组织了 30 位作者,把稿子写好。不仅快,稿子质量也非常好。

我问她:这群人共同的特点是什么?

她说:**我们都在做自己热爱的事情。**

这就是这本书书名的由来。在我们看来,**热爱不仅仅是一种情感,更是一种力量。**

心怀热爱,我们就能在困境中找到出路,在失落中找到希望,在平凡中找到不平庸。热爱还能传递,它极具感染力。一个充满热爱的人,就像一团火,能够点燃周围人的热情。

这种感染力是无法用言语来形容的,**只有通过实践和体验,才能够真正感受到它的魅力。**

这本书就是婉莹和她的朋友们在向读者传递热爱。

每篇文章彼此独立。你可以先通读一遍,我们把作者的二维码都放到了书里,找到同频的作者,不仅可以多读两遍,还可以直接联系,相互交流。我分享一下我的读书笔记,作为你的开胃小菜,相信你一定会在这本书里得到更多的收获。

序言

陈婉莹是北大硕士,她很清楚,在舒适区内难以成长。她提出赚热情洋溢的钱,她说越是存在偏见,反而越有赚钱机会,看清趋势就能占得先机。

贾茜是二宝妈,也是高级家庭教育指导师。她告诉我们要学会接纳自己,学会从成长的角度看问题,做长期主义者,在热爱中找到全新的自己。

桃子(Rita)是一对阳光姐弟的妈妈,她的文字会给你力量。她让你爱上做妈妈,也能成就你,拥有热爱的人生,获得可持续发展的影响力资产。

爱米告诉我们,人生会起伏不定,有时按下暂停键,但同时也按下了重启键,只要能意识到自己的责任,做对选择,转好弯,所有的际遇皆是上苍馈赠的礼物。

安小爷四次创业失败,却能次次在反思中成长。只要找到擅长的领域,找到热爱,找到优势和机会,从现实中学习,总能从平庸中找到热爱,可抵心中彼岸。

岑玉燕是三宝妈,也是电梯销售人员。她的故事告诉我们,无论工作还是生活,事业还是家庭,始终热爱,始终向前,从内突破,终将精彩。

热爱的力量

曾勉，习惯沉默，却不甘于平庸，靠个人品牌线上创业，让自己进退自如。她总能不留遗憾，珍惜各种宝贵的体验，兼顾职场、家庭，热情洋溢地生活。

陈芳的公司营收过亿，她却归功于幸运，这份幸运来自"守正"。亲友的离开和自己的体验，连续三次叩响生命之门，让她更懂得热爱这精彩的生命。

陈红是三宝妈，也是某教育机构创始人。在各种光鲜后面，是各种不易，她活得通透，明白自己可以不用谋生，但永远要有谋生的能力。

贺楚彤喜欢英语，还喜欢教英语。她在文中给我们展示了她对一门知识的渴求、对一门语言的喜欢可以带来怎样的生命活力，所见所得都是人生的礼物。

黄蓉是985名校升学咨询公司新强综教育的创办人。她经历过考研失败，极度自卑，进入体制后，失去了自我。她终于领悟到外界环境只是次因，挑战自我才能建立新知。

贾林是三宝妈，硕士毕业于美国卡内基梅隆大学。她告诉你做宝妈，不只幸福，还很快乐。她带着对珍珠的热爱，奔赴山海，热爱中有源源不断的能量。

序言

焦迎春在离婚1年后，和一个离过婚的人结了婚。她认为家庭是鱼缸，夫妻是水，孩子是鱼。她说爱需要经营，幸福的能力和学历无关，和爱的能力有关。

靖小禾是高级中医药膳师。她小时候没有梦想，只想做个普通人。人生是一场体验，境随心转、多说正面的话、终身学习、利他是她的四大心法。

梨子在学习演讲后，变得更加勇敢、更加强大。她认为，让自己变得更好是解决一切问题的关键。她通过看书突破认知，通过演讲找到热爱，通过马拉松磨练心智。

李晨是高级理财顾问，深耕金融行业8年，服务过多位高收入女性。他有过挣扎，力求突破，经历低谷，崭露头角，事业转型后，还能回归初心。

楼洋（Summer）的人生不断迭代，最开始是在工作中找到成就感和价值感，然后是做自己人生的CEO，最后是激发更多的人做自己的CEO，从事到人，从己到众。

洛舒放弃了管理咨询，转做国学培训。她经历过创业迷失，获得内在引领，在商业中觉醒，转型后重新坚定地出发，带着热爱和使命前行。

热爱的力量

马留琳是清华大学的硕士,是留琳美学的主理人。她欣赏美,追求美,分享美。她想带着 1 万名女性变美,她相信美能唤醒一个人外在的自信和内在的富足。

麦格深耕儿童美育行业 17 年,微信公众号有 50 万粉丝。她个人微信的签名是:"不忧不惧,向心而行"。她协助万千家长发展孩子对美的感知。

纳许从事亲子教育 13 年,累计辅导个案 1000 个以上。他分享解决问题的思维,提醒不要陷入努力认真的陷阱,先有自我,再找核心价值和对标榜样。

晴雪从小在姑姑家长大,姑姑是她的贵人。她一路有贵人运,得益于她勇敢、真诚、热情,能看到对方的需求,主动利他,善于求助,及时反馈并心怀感恩。

彭伟良从小内向自卑,但他心里满怀热爱。热爱与别人共情,热爱去观察用户内心的细微变化,这份细腻帮他成为能收 20 万元服务费的社群顾问。

绮雯深耕营养健康行业 15 年,她在自己父亲的两次得救中逐渐清晰和笃定了自己的使命:传播营养观念,帮助更多人热爱生命并且享受健康的人生!

序言

晚柠北大毕业，曾在北京的一家三甲医院工作十几年，后转型成为心理咨询师，毅然投身于儿童青少年心理健康和学习力提升领域，服务了 2500 多个家庭。

小青曾就职于央企总部战略发展部，她说："活在自己的热爱里，才能叫做生命。"她分享她对生命的觉察和她行动背后的强大力量。

杨君服务过 5000 家企业客户，帮助这些中小企业依法纳税和合规节税，她希望能服务 10 万家企业。只有税务规范，企业才能长久。

一朵是创业者心力提升教练，曾经患过忧郁症的她觉得自己淋过雨，就想为别人撑伞。她把自己想要过的生活想得非常清楚，并且通过自己的努力做到了。

游侠曾一夜亏损百万元，也曾年入千万元。投资有风险，进入须谨慎。投资不是投机，需要破除贪念。不是想着能赚多少钱，就能提升财商。

达音从事法务工作，在律所、外企和初创公司都工作过。她热爱合规工作，也知道人生是场马拉松，不需百米冲刺，只要身心放松就能到达目的地。

后学郑敏在自己微信名前加了"后学"两个字，说是要跟在大家

热爱的力量

后面学习。他的主业是医药运营,他的爱好是跑步和写日记,他要过的是健康的慢生活。

一

这些作者大多数文字极具感染力,是因为他们写的就是他们自己做的。**看过他们的文字,我们对生命会更加热爱**。他们为我们展示了可能性和可行性。

作者中至少有 3 位三宝妈。普通人把一个孩子照顾好,已经不容易了,她们却可以做到工作、生活忙忙碌碌,却不丢失自我,**每个人在热爱中都能成为超人**。

作者中至少有 3 位清华北大的毕业生。普通人最开始被她们的名校光环吸引,深度了解后才发现,成功是因为她们不断突破和精进。**每个人在热爱中,才最有学习力**。

作者中很多人遭遇过挫折。普通人看到的是她们在悬崖边跌落,但是,她们落入辽阔星空,最后把美梦捕捉。**每个人在热爱中,不用充电就能发光**。

我们大多数人都低估了热爱的力量。

目录 CONTENTS

跨行转型，裸辞创业，年入300万元，我做对了什么？	二宝妈妈，通过学习家庭教育获得成长	因为热爱，成就绽放
陈婉莹	贾茜	桃子（Rita）
1	9	16
从身患重病、被迫裸辞到成功转型，她是如何做到的？	四次创业失败后，我终于找到了成功的秘诀	给自己热爱生命的力量
爱米	安小爷	岑玉燕
23	31	37
习惯沉默的我，用打造个人品牌突破困局	活在热爱的生命里	坚持、有信念的孤勇者
曾勉	陈芳	陈红
45	52	60
从学英语到教英语，我找到了人生的方向	找到自己，超越自己	作为一个家庭主妇，"珍珠梦"给了我力量
贺楚彤	黄蓉	贾林
68	75	83
经营好婚姻，掌握追求幸福的能力	爱生活、爱成长、永葆好奇心，你我一起闪闪发光	用对生活的热爱，让自己变成强者
焦迎春	靖小禾	梨子
90	97	105

从酒店服务员到理财顾问，我经历了什么？ 李晨 113	人生版本3.0 楼洋（Summer） 121	从传统培训创业者到洛舒国学汇，我做了什么选择？ 洛舒 128
清华硕士从世界500强企业辞职，创立美学品牌 马留琳 134	用美育激发孩子的创造力 麦格 141	找到自己，唤醒内在能量 纳许 149
有限的起点，不设限的未来 晴雪 157	从内向自卑到通过热爱赚到第一桶金，我做对了什么？ 彭伟良 164	如果不是因为热爱，我想我早就放弃了 绮雯 172
如果前路注定坎坷，我愿怀着热爱奔跑 晚柠 179	心之所愿，行之必成 小青 187	因为专业和热爱，我想帮10万中小企业依法纳税、合规节税 杨君 194
解散了营业额8000万的创业公司，我活成了自己想要的样子 一朵 200	从负债百万的职场人到千万投资人，我的十年创业路 游侠 208	写给不那么勇敢但不轻言放弃的自己 达音 216
爱跑步，写日记，一辈子 后学郑敏 223		

热爱的力量

跨行转型,裸辞创业,年入 300 万元,我做对了什么?

■ 陈婉莹

千万级批量成交操盘手
私域营销顾问
北京大学硕士

热爱的力量

如果没有那 75 个小时的失眠与纠结，没有破釜沉舟的坚定，就没有现在月入百万的我。

我想讲的，是一个普通的北漂女生如何一次又一次走出自己的舒适区，不追求稳定，只追求人生更大可能性的故事。

大学毕业后，我第一次讨厌自己

毕业前夕，我放弃了本校保研的机会，入职了一家新能源公司。刚入职时，基本月薪只有 2400 元。我跟另外两个同学合租一个卧室，每人 500 元，剩下的钱随便花花就"月光"了。

第一份工作就是从频繁加班开始的，每天两点一线，生活基本被工作占满，除了审核票据就是记账，说话的人都没几个，久而久之交友圈越来越小，人也变得容易较真，我很讨厌那时的自己。

我跟爸妈说，我真的很不喜欢财务，感觉这样的工作没有价值，但妈妈说："这世上没有多少人能做自己真正热爱的事并以此谋生。热爱是一回事，工作是一回事，两者能结合是幸运的。但真正有本事的人，是能把不喜欢的事也做好。我知道你工作、考证都很辛苦，我也心疼你，但如果年轻时不多吃一点苦，老了就会吃更多的苦，我宁愿你现在苦一些。"

那个时候，我突然意识到，**我得先证明自己有本事、自己有价值。如果连基本的工作都做不好，那还有什么挑选的资格呢**？

于是我把工作以外几乎所有的时间都用来学习，把工资的 60% 都花在读书考证上。在业余时间，跟着培训界的一位前辈写书，建立在财税行业的影响力。当看着自己的书在当当网和亚马逊上架的时候，我有了满满的成就感。

除了写书，在毕业后的两年，我又偷偷报考了北大的研究生，这个决定带我进入了一个精彩的世界。回想起那段时间，是艰难而孤独的，几乎全年无休，但努力总会换来回报，我很快得到了一家世界50强跨国企业在北大内招的机会，也很幸运地在众多面试者里被选中，工资令人惊喜地翻了几倍。

我相信幸运都会留给有准备的人。

赚钱意识的觉醒

在这个企业的日子过得很舒服，借着空余时间，我拿下了英国国际会计师、CIMA 特许管理会计师等大大小小的证书，中间还作为交换生到意大利 Bocconi 商学院学习，一边学习一边工作，两边都没耽误。

那时，我赚到手的工资，基本上都花在学习、兴趣爱好和旅行上。说真的，我对赚钱没什么概念。但是 2018 年初，一件事情改变了我，我亲如母亲一样的二姨被诊断为癌症晚期，阴影笼罩着整个家族。

我的童年除了父母，就只有二姨的陪伴，她带着我学儿歌，带着我去山上采花；中考前，二姨承包了我的一日三餐；大学每次寒暑假回家，她都问我最想吃什么，然后变着花样地做；在我失恋最难过的时候，她特意坐车来北京，每天做好饭菜陪我。

当她开始治疗时，我才发现，这世上比留学旅行更费钱的是癌症，我才突然意识到得好好赚钱了。**赚钱不是目的，能够抵御生活中突如其来的风险才是。**

但显然，仅靠死工资是很难增长财富的，可除了拿死工资，还能

热爱的力量

做什么呢？我在考察了 30 多个项目之后，决定开启副业做微商，带货赚差价。

当时很多人不解，说你一个北大女生，怎么做起微商来了？当时我认为所有把生意放在微信来做的，本质上都是微商。**越是存在偏见，越有赚钱的机会。如果你能看清某些趋势，寻找不确定环境中的确定性，你就占了先机。**

不懂就学，跟着有结果的人，听话照做。每天下班后我都会学习社群里讲的内容，比如产品知识、朋友圈等，谈单都是加班之后谈成的。一旦决定做一件事，我都会很认真。要么不做，要么就做出成果，不让时间白白浪费。

我做微商的第一个月就赚了 5 万多元。很多人说，看我朋友圈，感觉不像是带货的，更像是在做文化。后来我还专门写了一篇文章，叫《北大女生如何重新定义微商》，也在很多地方公开演讲过。

副业做微商的第一年，我的全年收入就达到了 100 多万元。但是，我感觉太累了。职场被公司剥夺剩余价值，业余时间都用来做副业了，说白了，还是在用时间和技能换钱。

其实我们大多数人都是这样的，因为传统的家庭观念和学校教育我们，好好学习考个好大学，毕业了再找一份好工作，然后安分守己，度过余生。

我开始去寻求新的突破，思考着怎样能把"一份时间挣一份钱"，变成"一份时间挣多份钱"，我不断付费向有经验的人请教。当我看到很多背景和资历不如我的人，都在给别人讲课、做培训，以此谋生并且收入不菲时，我突然觉得我也可以。

于是我开始研究怎么做知识付费，如何形成最小的个人商业闭环。那时，在我的心里也种下了一颗职业转型的种子。

75 小时的失眠

2020年初,疫情突然袭来,大家都被隔离在家。我远程上班,每天早会、打电话招聘下属、跟业务部门开会,每天忙到晚上九十点。爸妈第一次看到我的工作状态,言语里都是心疼。

那时,我二姨已经去世,化疗、放疗、ICU都没能留住她,这对我们全家是个巨大的打击。妈妈经常发呆,以泪洗面,全家人不敢提起这个话题。疫情的暴发,让我们每个人重新思考:人生到底应该怎样度过?人生最重要的到底是什么?有没有善待自己的身体?有没有好好陪伴家人?

北漂后第一次在家度过那么长的春假,我真希望可以再长一些,多陪陪爸妈。也就是在那个月,我看到很多IP光靠做知识付费,一个月的营收就能达到几十万,甚至100万,我被这个数字惊呆了!

我回京后,每天开着无意义的会,加着无意义的班,我愈发觉得,30多岁的我们不应该赚辛苦钱,应该去做自己热爱的事情,去赚热情洋溢的钱。在连续75个小时的纠结与失眠后,我提出了辞职。

公司的几位领导包括老板都亲自挽留我。我很好奇,便问老板为什么极力挽留我,他说我是公司里少有的能站在他的位置上考虑如何做正确的事的人,而不是只考虑自己的职位。

不知怎的,在那一刻,老板挽留的理由反而变成了我辞职的强心剂。我心想,连老板都这么认可我,我为什么不能自己做老板呢?我还是果断辞职了,理由很简单:**如果你总是望着对面山上的风景,却不舍得下山,那么你永远也到达不了更高的地方,看到更壮阔的风景。**

热爱的力量

当你直接跟市场进行交易的成本比打工低，直接收益却比打工高时，就可以去选择让你最有热情的赛道。

赚热情洋溢的钱

辞职之后，我继续做微商、带团队，两周内，收入就突破了10万元，团队业绩也提升了30%。正是因为销售业绩不错，吸引了越来越多的人向我付费咨询。

诊断问题稳、准、狠一直是我的核心竞争力，很多用户向我付费咨询一次后，用我给的方法和路径去做谈单和发售，很快赚到了十几万，甚至几十万。

接着，就有IP主动找到我谈合作，希望我为他们的项目发售做整体操盘。从第一次操盘的3天营收108万，到后面单次发售营收三五百万，越来越多的IP找到我，希望我能辅导他们谈单，做项目发售。

我发现很多创业者的收入不理想，并不是专业水平不行，而是销售能力太差。大部分的个体创业者，都是因为情怀，放弃很好的本职工作，投身自己热爱的事业，但是创业仅仅靠情怀是不够的，必须有不错的销售能力去支撑那一份热爱。

于是除了项目的发售操盘之外，我专门开发了一个"谈单教练计划"的陪跑项目，教这些个体创业者以及他们的团队成员，如何做好私域运营，如何私聊谈单。

我希望能让他们在做自己热爱的事业的同时，自身价值也得到很好的变现，体会到聊着天就收钱的快乐，真正去赚热情洋溢的钱。 大家现在缺的不是课，缺的是热情洋溢的状态，状态对了，财富自然会来到身边。

当一个个学员在我的指导下拿到实实在在的结果后,这些成绩吸引了他们的朋友来找我。我的客户就像滚雪球一样越来越多,而且客户质量越来越高。

我们的用户黏性也非常强,很多学员参加过一期课程,依然会复购课程,学员复训率达到76%以上。

不知不觉,辞职创业至今已有3年多了。在这3年里,我带出了3000多名付费学员,帮助很多人年入百万,举办了百人线下大课,站上了大大小小的演讲舞台,签下了20万的私域陪跑全案,操盘的项目业绩1500多万,出版了畅销书《超越》,登上了《中国培训》杂志的封面,成为北京一所高校的就业导师。

很多人问我怎么做到一创业就成功,还做出大家都羡慕的成绩的。其实答案非常简单:**你的心思专注在哪里,就会在哪里收获**。这种专注的基础是热爱。也因为热爱,你才不会计较付出与回报,相较于赚钱,你会更在意帮到了多少人,给予了多少价值。

这个世界很奇怪,如果你一直追求钱,钱不会来,而当你追求的是价值,是你的初心和梦想,是那个热情洋溢的自己,财富就会来到你身边。

坚守内心热爱,你就会收获人生更多的可能。

这个世界很奇怪，如果你一直追求钱，钱不会来，而当你追求的是价值，是你的初心和梦想，是那个热情洋溢的自己，财富就会来到你身边。

热爱的力量

二宝妈妈，通过学习家庭教育获得成长

■ 贾茜

自信心主题认证讲师
蒙氏家庭教育培训师
高级家庭教育指导师

热爱的力量

我此刻拥有的蒙氏家庭教育培训师、自信心主题认证讲师和高级家庭教育指导师的标签都源于我拥有"母亲"这个身份。成为母亲之后，我获得了一次疗愈和成长的机会。

2013年，我和丈夫步入了婚姻殿堂，几个月后我发现自己怀孕了，我们满怀期待地盼着这个小生命的到来。可是天不遂人愿，意外发生了。没等到孩子的平安出世，等来的却是一张胎停育的B超诊断单，晴天霹雳一般的消息让我和丈夫伤痛欲绝，我不知道为什么这样的事会发生在自己身上。那个时候，我不想跟任何人讲话，第一次对自己充满了怀疑。

2014年，我又怀孕了，这一次心里除了欢喜，也多了一份担忧，这份担忧一直持续到生产。我一早就进了待产室，直到傍晚才进入产房试产，后因孩子胎心不稳，在医生的建议下转到了手术室准备剖腹产。顺转剖的经历让我又遭了一次罪，但是这份痛在女儿平安出生的那一刻似乎就消失了。女儿的出生对我而言是一次心理上的疗愈，是对之前失去孩子的一次弥补，我恨不得把最好的都给她，对她耐心十足。

2019年，我的儿子出生了，刚一出生就情况危急，因为出血量偏多，我进了ICU，有惊无险地待了20分钟。其实后来想想也没有多少事，我觉得自己躺在ICU时很平静，紧张的反倒是在手术室外不了解情况的家人们。按理说，一儿一女凑成一个"好"字，可以说人生很圆满了，可是隐患才刚刚埋下。

怀老二时，我对自己说绝对不能因为老二而忽视老大，可是老二出生后，我就变了。我好像忘记了这一条，现在回想起来，自己真的是无意识地会照顾弟弟多一些，而忽视对姐姐的照顾，甚至给姐姐造成了伤害。我记得弟弟出生的时候姐姐上中班，她那时候有点小感冒，而我是一个有点抵触去医院的人，所以会把防护这件事看得特别重，我不让她随意进我的房间。当时她很想进屋来看一看，可是我只让她在门口远远地望着，她想上前一步跟我说点什么，我就会让她先退后再说。我当时并不知道自己为什么会对一个4岁的孩子这么严格，还是我最爱的女儿。

起初，我自己完全没有觉察到埋下的隐患，也压根没有意识到自己在养孩子上有什么问题。当姐姐开始说"妈妈偏心，妈妈不爱我，妈妈只爱弟弟"，甚至说"我真想扔了弟弟，真想掐死弟弟"这种狠话时，我真是又揪心又痛心又无助。开始的时候，我还会理解姐姐，家里其他人指责她的时候，我还会护着她，直到有一次她爸爸气得要打她被我制止时，她反而没有消停，还一个劲儿地说"你打我呀，你打我呀"，看着她那挑事的样子，没等她爸爸动手，我就动手了。我狠狠地在她后背打了两下，她被我吓到了，她没有想到一直护着她的妈妈竟然对她动了手。当我的右手再次抬起的那一刻，她赶紧蜷缩身体，露出了恐惧的神情，那一幕刺痛了我的心，我才真真切切地感受到了问题的严重性。我内心充满了自责，我放下抬起的右手，坐在床边，一把把她抱到怀里，她哭，我也哭。

那天晚上我躺着看微信的时候，就刷到了一篇关于家庭教育的公众号推文，里面有讲家庭教育的课程。体验了几天课程之后，我就决定正式开启系统学习家庭教育之旅，一直坚持到现在。最开始的时候，每当我遇到让我情绪暴发的事情，我就去写日记，不知不觉写了5万多字，我的情绪一度稳定，可是过了一段时间，我又经历了情绪再度失控，我甚至怀疑自己学这些没用。很庆幸，我没有气馁。不服输的我对自己说：不行，我还需要继续学习，一定是我之前的打开方式不对。于是我又开启了新一轮的学习。以前我总是一个人默默地按照自己的节奏来学习，生活中遇到了育儿问题也从不跟社群里的其他人交流，就自己记笔记、找方法、去实践，直到一次偶然的机会，我把自己的笔记分享给了群里生病的姐妹，没想到这一次分享，却为我开启了新的生活。

当时正值疫情期间，很多人都生病了，我手指受伤，在家休息，就顺便研究起来如何做竖版导图笔记，一是加深记忆，二是赏心悦目。有一天下午，我发现群里有一个姐妹在要笔记，我刚好做好了笔记，就顺手发到了群里。因为笔记比较详细，样式也比较好看，所以受到了很多群友的夸赞，有些姐妹甚至还在等待我更新笔记。我觉得当时自己好像肩负了一项责任。一次利他的行为，带给我的却是能量的巨大提升，原来帮助别人是一件如此快乐的事情。就是因为这件事，我被平台的创始人发现了，除了获得奖金奖励以外，我还获得了管理公益社群的机会。从那之后，我就一直在家庭教育领域深耕着，这也让我快速地成长了起来。

我从开始自己的育儿问题一大堆，到现在不仅能平静地看待和处理自家孩子的各种状况，还能为其他有需要的妈妈答疑解惑，这一路的成长中，我总结了三条让我很受益的心得体会，借此机会把它们分享给正在阅读的你。

一

你先接纳自己，才能全然地接纳孩子。 以前，我不接纳自己竟然会情绪失控，更不接纳孩子乱发脾气。在我以往的认知里，看到发脾气的孩子就等同于看到了一个教育失败的自己，这才是真正让我情绪失控的原因。都说孩子身上有父母的影子，我不敢相信一向以好脾气、耐心十足自居的我，其实是个不会管理情绪的人。当我接纳自己可以有情绪的时候，我所学的管理情绪的方式突然奏效了，当我用运动、闻香等方式缓解我的负面情绪时，我发现我更能平静地去看待孩子的哭闹、发脾气。不能接纳孩子，说明你不能接纳自己投射在孩子身上的某个点，只有全然地接纳不完美的自己，才能更好地接纳孩子。

站在问题的角度看问题，满眼都是问题；站在成长的角度看问题，满眼都是成长大礼包。以前，我总是站在问题的角度看待孩子、看待自己，总觉得孩子这也不对那也不对，这个需要改那个也需要改，孩子不应该这样应该那样，觉得自己不应该发脾气，应该管理好自己的情绪。这样我就陷入了满眼都是问题的漩涡里。可是，当我学会把孩子的每一次状况和自己的每一次情绪失控当作上天送给孩子和自己的成长大礼包时，我发现我能从不同的角度去看待这件事情了，我很好地掌握了转念这个能力。在我眼里，孩子哭泣是在表达自己，孩子顶嘴是在捍卫自己，孩子叛逆是在发展自我意识，当我把这些生活中的小插曲变成一个又一个成长大礼包时，我觉得我每天都生活在幸福的感觉里。

摒弃短期主义，做个长期主义者。我遇到了很多家长，一跟他们聊天他们就会问："孩子学习不积极不主动，怎么能让他主动点？""孩子做事太磨蹭了，有什么方法可以让他不拖拉？""孩子总是一点小事就发脾气，有什么方法可以让他改掉暴脾气？"我特别理解这种想要立刻改变的心情。刚开始的时候，我也很想要一个立竿见影的方法，经常会被"三个方法帮你搞定熊孩子"这样的话题吸引，但是自从持续学习之后，我才发现，如果在养孩子这件事上，前期父母挖了很多坑，那么通常是没有办法在短期内就见成效的。用了多少时间挖坑，就要有心理准备用多少时间去填坑，短期主义只会让自己更焦虑，而长期主义带来的松弛感才是解决问题的关键。放轻松，花点时

热爱的力量

间重新养育孩子。

如果早几年你问我学习家庭教育有没有用,我会说不知道;但是,如果现在你问我,我会告诉你:**家庭教育是合格父母的必修课**。为什么我此刻如此笃定?因为我是受益者,家庭教育的学习和传播让我现在不仅能游刃有余地处理育儿遇到的问题,更让我找到了热爱的感觉。希望你我都能在自己的热爱中找到全新的自己,热情洋溢地享受当下的人生。

家庭教育的学习和传播让我现在不仅能游刃有余地处理育儿遇到的问题，更让我找到了热爱的感觉。

热爱的力量

因为热爱，成就绽放

■ 桃子（Rita）

可持续发展投资管理机构合伙人
家庭教育平台联合创始人
教育规划顾问
一对阳光姐弟的妈妈

很高兴认识你，也期待你认识我。

我是 Rita 桃子，东北人，在北京工作。大学毕业后在英国读硕士，在欧美游历两年后，直接飞到北京，到现在已在北京工作生活十二年。结婚九年，当妈八年，家中有两个娃，姐姐七岁半，弟弟两岁半。我在可持续发展领域从事产业投资管理已有十年，十年期间我按部就班，忙忙碌碌，从国际公益平台到国内产业平台，从企业的投资管理部门负责人到建立产业投资管理机构，不敢说有什么大成就，但是职场妈妈的难，我深有体会。这个时代赋予女性很多角色，要当好女儿当好妈，当好妻子顾好家，最好再叱咤职场，貌美如花。咱们都觉得难，但是还都在往上冲，而且每一个角色，都想做到最好。这就够了吗？不够，很多女性不仅有主业，还有副业，要论担当，那真是咱们职场妈妈的强项。

职场经历

我的主业是可持续发展领域的产业投资管理，日常参与管理政府和金融央企的产业投资基金。每一笔钱投出去之前，都要研究投资方向和策略，研究行业和企业，了解企业的经营情况和财务状况，规划好投后管理工作，对接好企业和政府的产业落地方案，做完这些之后才能做最后的投资决策。在企业发展中早期阶段，在五百万到两千万的范围内，每一个项目从投出真金白银的那一刻，一直到项目结束，我们都要跟踪负责到底，了解被投公司的发展方向、核心团队情况，协助企业整合资源，助力企业发展，直到它上市或被并购，有了更大发展的舞台。这个过程很像生孩子，从没出生就开始操心准备，从备孕过程中的各种焦虑，到产检、胎教、准备各种东西的繁杂，直到孩

热爱的力量

子出生的那一刻，没有回头路了，必须负起责任，陪孩子一起成长，直到他们离开我们的怀抱，可以独自面对这个复杂的世界。

理念的根

有一个小故事，很想和大家分享。我在怀宝宝前最后一次出差，是陪同一位行业资本专家去深圳的一家大型国企——中国广东核电站（简称"中广核"）做企业培训。中广核的大楼高大肃穆，在进入大厅的那一刻，我被大厅巨石上写着的大红字吸引了，驻足凝视了它一分钟，上面写的是"一次把事做好"，这是企业文化的精髓。建设核电站是大国工程，一旦有半点疏忽，都有可能造成巨大灾难，还记得日本福岛核电站爆炸的新闻吗？培养一个优秀的孩子同样是个复杂的大工程，是我们作为妈妈一生中最大的"工程"。当我每次在家庭教育领域开展咨询、组织沙龙、参与大型课程时，看到那么多的家长在为孩子的各种问题焦虑、遗憾、悔恨，我是多么希望，这一切都没有发生。

行动的果

回想起职场生涯，初入职场进入外企国际项目管理部，必须考取美国 PMI 体系的项目管理认证 PMP。之后开始接触可持续发展领域，必须从行业研究做起，了解行业发展历程和未来方向，研究产业结构和各细分领域情况等等。进入产业投资管理部门后，就要去考一、二级资本市场基金证券证书。近几年"碳达峰、碳中和"成为热点，我马上又去考国家碳配额交易市场在上海能源交易所的碳交易员资格，

2024年我的目标是考取行业中新的方向CFA协会的ESG投资证书。每一次系统学习，每考一个证书，都是为了迎接一个新的职业领域、专业角色和项目挑战。工作尚且需要我们不断学习，"父母"这么重要的一个新角色，"养娃"如此复杂的一个大工程和人生挑战，我们为啥不准备、不学习呢？无证驾驶心慌慌，持证上岗坦荡荡。于是从我的职场经验和投资管理思维出发，我从怀孕开始看育儿书，学习家庭教育方面的知识，从各种资源渠道了解每个年龄阶段孩子的成长规律并且考了家庭教育指导师（高级），做个持证上岗的妈妈。这是我做一个"专业妈妈"的基础底气。

2016年4月，我的大女儿出生，我把我几乎所有的业余时间都给了她。每一次她生病，我都亲自照顾，每一个夜晚都陪她阅读，陪她入睡，周末都陪她找各种有趣的活动、兴趣班，逛博物馆、展览等等，凡是能亲力亲为的事情我一样不落地做了，累并快乐着。她的成长也很顺利，她表达能力很强，有自己的爱好，阳光自信。

但是，2021年4月我的小儿子出生时，我慌了，因为生产过程十分不顺利，经历大出血的危险，产后身体状况很差，精神状态很糟，心情抑郁，自顾不暇。尤其是大女儿突然失去了我100%的陪伴，她对这种生活不习惯，这让我非常愧疚。以我当时的状态，我无法做到平衡，我也意识到，我必须有更好的状态才能面对新的二胎生活和产假结束后兼顾职场和家庭的生活，于是我下定决心开始了更加系统、更有难度的家庭教育咨询师的课程学习。如果说家庭教育指导师的学习是快速提升认知，那么家庭教育咨询师就是用长时间的系统学习提升专业能力，具备可以帮助别人的新职业能力，想到这个我又来劲了。

又是近两年的时间，三个阶段的学习，打基础、练内功、上战

热爱的力量

场,百万字的阅读量,100多个开放作业任务,100多个真实家庭教育咨询案例,我学到了机构专家和老师们数十年的家庭教育实践经验,这次真的有点"科班出身"的感觉了,焦虑变少了,多了专业和自信。学习之后,我成为北京一家知名教育机构签约的家庭教育咨询师,开启了斜杠职业模式。**业余时间,我接触了更多家庭,帮助他们,自己也得到了修炼和成长,在这份"斜杠"职业的价值感和热爱里,命运的齿轮开始转动。**

升级的路

开始,我只是在平台上做家庭教育咨询师,见到了形形色色的家长,有一线城市的高知父母,也有田间地头的朴实爸妈。但是我觉得一次短短的咨询确实很难从根本上解决问题,于是,我把前后花费数十万元学习的家庭教育课程、人生教练课程、商业管理课程构建成一套完整的"三力"陪跑体系,带领更多职场妈妈拥有育儿专业的"定力"、勇往直前的"心力"、元气满满的"精力",帮助每一位职场妈妈以更好的状态应对职场和家庭,实现育儿和自我成长双赢。

未来的爱

三十七岁的年纪,十二年职场路,我一直在做自己热爱的事:主业是可持续发展领域,是为了让这个世界更美好;副业是家庭教育领域,是为了我自己和我的孩子,为了能影响到每一位妈妈,使她们生活得更美好。

现在有太多人恐惧生孩子了,因为担心会面对新的挑战,但是我想,每一位女性从"女生"到"妈妈"的转型中,都会获得荣耀。

因为系统学习了家庭教育,我拥有了三个新的身份——**专业妈妈、家庭教育专家和斜杠自由职业者**。因为创建了成长教育平台,做了系统的成长教育陪跑体系,我获得了五重重要的价值。第一是育儿育己,共同成长,做自己和孩子的人生成长教练。第二是接触到了很多优秀的教育资源,给姐姐筛选的教育资源,弟弟都用得到,提高了效率。第三是开始有了知识转化、系统输出意识和商业思维,将我自己的知识、阅历、能力更好地结合,有能力去帮助更多人。第四是个人品牌全方位的提升。第五是获得了社交价值,通过建立"精英职场妈妈成长圈",我结交了许多和我一样愿意与孩子共同成长的优秀妈妈。

这就够了吗?不够,从投资和资产管理的角度来看,我们既然做了妈妈,那就将我们投入的时间、金钱、精力和爱转换成未来十年属于我们自己的影响力资产,让我们有能力将每一份"热爱"都绽放出来。

陪伴孩子成长是我们个人重新成长的一次绝佳机会,需要我们拥有面向未来的自信和勇气。愿你爱上做妈妈,享受陪伴孩子成长的每分每秒;愿你成就自己,拥有充满热爱的人生。

愿你爱上做妈妈，享受陪伴孩子成长的每分每秒；愿你成就自己，拥有充满热爱的人生。

热爱的力量

从身患重病、被迫裸辞到成功转型,她是如何做到的?

■ 爱米

文案营销顾问
私域成交教练

热爱的力量

如果没有医生的那一纸判决,我想,我可能每天还过着朝九晚六的生活,过着一眼望到头的生活。我就不会有勇气,在2022年面临人生最大磨难时,仍坚持选择现在的生活,开始我曾经向往的自由职业。

今天给你讲的是一个来自南方18线城市的北漂女生,一个起点低、没背景、没资源,即使被生活无情地揉搓,也不向命运低头的故事。

第一次意识到自己的人生责任

在我16岁前,我去过的最远的地方,就是离我们山村十几公里的县城,那里都是淳朴的农民,每天都过着面朝黄土背朝天的生活。

我是家里的老二,每次吵架、闹别扭,都是姐姐让着我。姐姐天生是一个乐观派,经常哼着歌,干活非常利索。虽然姐弟仨平时总小吵小闹,但也其乐融融。

原以为日子会这样平静地过下去,可意想不到的事情发生了。

那段时间,姐姐感冒了好几天,老妈带她去医院开了点药。原以为没什么事了,可有一天睡到半夜,我就感觉姐姐一直在蹬我,开灯就看见她的鼻子、嘴在流血,把我吓坏了,我赶紧跑去找爸妈。等回来时,姐姐的血已经把旁边的校服染红了。

送到医院时,天还没有亮,就传来了噩耗。我亲爱的姐姐走了,走得太突然、太离奇了。

这是我第一次亲眼目睹亲人的离世,她还那么年轻,才16岁,正是花一般的年龄。我再也听不到她的歌声,再也不能坐在她的单车后面,让她带我回家了。

无论一家人怎么悲痛，终究无法挽回她的生命，那是我们家最黑暗的时刻。妈妈经常抱着我跟弟弟痛哭，没了姐姐的依靠和庇护，我仿佛一夜之间长大了。我开始有了姐姐的样子，我开始帮家里干更多的农活，学习更努力了，拿到了学校的奖学金，进入了"尖子班"，我想让姐姐看到，她撂下的担子，我帮她扛着。

也就是从那时候开始，我理解了什么是责任，什么是担当。无论走到哪，遇到什么困难，我都会想着，我的责任是双份的，其中有一份是姐姐的。

一次重大的人生选择，让我的人生拐了弯

自此之后，我一直努力学习，只为了能考个更好的学校，到外面去看看。也就是这股学习的劲，让我感觉自己离大学越来越近了，但在中考的时候，我还是被家人拦下了，家里人考虑到家里经济条件不好，建议我去读中专，因为在老家农村人的眼里，读中专可以早毕业，早出来赚钱。

我的中考成绩比重点高中高出 20 多分，但还是去了听说可以早毕业早赚钱的中专学校，最让人意想不到的是，录取我的那个学校，是湖北一所挺偏远、各方面都一般的建筑学校。

这对当时的我打击很大，我明明可以上重点高中，可偏偏来到了这里。

在那三年里，我少了以往的学习劲头，我的专业是工民建，不知道毕业了能干什么。就这样浑浑噩噩地熬到了毕业，进入社会后，才知道自己面临的是什么？

要学历没学历，也没有一技之长，找工作四处碰壁，我去过顺

热爱的力量

德、佛山、东莞等地,哪里有朋友,就去哪里找工作,大半年换了无数份工作。

即使在外打工很苦,口袋里也没有什么钱,我也从来没有打过退堂鼓回家,我不觉得自己很苦,每天只想着怎么解决眼前的问题,怎么找到一份工作。

正是这种坚韧引领着我一路向前,只要明天的太阳还照常升起,我还是会背着包,迎着阳光赶往下一站,在阳光的尽头,我看到姐姐在对着我笑。

这个地方,我来对了!

当我在珠三角地区每天过着朝不保夕的日子,几乎快要混不下去的时候,有一个人在千里之外一直惦记着我,这个人就是我的表哥。

他在北京上大学,毕业后,去了一家人人羡慕的大公司上班,成了村里孩子羡慕的对象。

当得知我在广州混得很惨时,他让我来了北京,来了北京之后我开始学习设计,然后在北京工作,一直待到现在。

正是他让我来北京,改变了我的人生轨迹。

这么多年以来,我从美术设计换岗到工程师、产品经理,在小公司待过,也在著名的大公司工作过,拿过高薪,也曾当过别人羡慕的小领导。也跟人一起创过业,拿着最低的工资,一起梦想着上市,可最后还是以资金链断裂告终。

最让我开心的是,我在北京终于安了家。老公很普通,但很疼我,儿子也听话懂事,我们过着一家三口其乐融融的生活。

在工作的同时,我一直没有放弃自己,一直在坚持学习,在北京外国语大学学外语，在中国传媒大学拿到了属于我的本科毕业证，终于圆了我多年的大学梦。后来，我又在中科院心理研究所学习心理学。

一直以来，我都在不停地学习，但我从来没有觉得学习苦、学习累，**因为生活中，总有一些苦，你是逃不过的。不吃学习的苦，你必然要吃生活的苦。**

如果说人生的几次重要选择决定了我的人生轨迹，我想，来北京是当初做的最正确的选择。

命运的判决书，彻底打乱了我的人生

2022年以前，我还在一家民企做产品经理，薪水还可以，工作压力也不大，而且在此之前，我已经开始学习文案营销了，一边学一边变现。

我开始幻想着，等我做强做大，我就可以炒老板了，可命运在此刻，彻底把我拍醒了。

2022年3月的某天，洗澡时，我摸到胸部有一个小肿块，我感觉有点不太对，一查果然就出了大事，是恶性肿瘤。

那一刻，我整个人呆住了，我不停地问医生："不会吧？不会吧？"

医生给出肯定回答后，迅速地问我："做不做手术？"

我不假思索地回答："做！"

那一段时间，我思考最多的就是，为什么是我？我平时很注意饮食，也注意锻炼，也没有什么坏习惯，为什么偏偏是我？

与其说我是不幸的，不如说我是幸运的，幸亏我发现得早，我各方面的指标都还好，DNA测出的复发机率比较低，最后的治疗方案是放疗＋药物治疗，算是不幸中的万幸。

热爱的力量

同时让我感到幸运的是，我身处医疗条件最好的北京。

这一切，引起了我对健康的重视。曾经，命运给我一纸判决，我没有选择屈服，也没有低头。这一次，我选择了"服软"，放下一切，把健康放在首位。

生活按下了暂停键，同时也按下了重启键

被诊断为恶性肿瘤后，我立刻请假、交接，足足请了两个月的假来休养。我知道我的病并不严重，但该死的是，它的名字叫癌症，让我不得不正视它。

这一次，我给自己的人生按下了暂停键。

每天陪老妈聊聊天、看看书，在公园散步，然后就是吃老妈做的各种补汤。我开始喜欢在午后晒晒太阳，在树荫下看大爷大妈们跳广场舞，在街上慢慢地晃荡……

在生活按下暂停键后，我开始思考这些问题：

如果时日无多，什么对于我是重要的？

如果某一天要离开这个世界，我该给这个世界留下点什么？

我是谁？我将成为怎样的自己？

……

正是这样的思考，让我在接下来的日子里，更知道自己需要什么。

我开始更重视家庭关系，重视身边的人，说到底，不管你混得好不好，他们才是这个世界上无条件支持你的人。

我开始调理身体，健身、散步，注重自己的情绪管理。

这次生病与其说是我人生的一大劫难，不如说是我重启人生的一

次机会,是生命馈赠给我的礼物。生病之后,我就离开了公司,开始重新出发,我选择了自己喜欢的文案营销工作,我没有像以前一样把自己逼得很紧,该工作的时候好好工作,该玩的时候好好玩。

这一年和家人去了好多地方,走了很多省市,看了很多风景,见识了不同的风土人情,也参加了很多线下大会学习,见了很多有趣的人和事。

这一年,我用自己所学的知识帮助了100多名学员(目前累计帮助了300多名学员),深度帮助了30多名学员提升文案营销能力,帮助他们用文案轻松赚钱,提升个人影响力。

举几个例子:有一个心理咨询学员,从以前9块9的学费都不敢收,到现在发售收取了10个9800元;有一个学员是知识付费"小白",学文案不到两个星期,她领导就追着要跟她学习如何发朋友圈;还有一个学员是两家公司的老板,因为喜欢写作,学了文案后,利用文案思维私聊成交,轻松谈下1亿元的合同……这样的例子还有很多很多。

人生就是这样有戏剧性,去年一帆风顺的时候,我收到医生的一纸判决;当我以为自己沉入谷底时,命运又给了我一线希望。 我开始用自己的微小力量,帮助别人,回报社会。所以,如果你也曾遭受命运的暴击,伤心过、失望过,我要分享给你的是:别灰心,只要你心怀热爱,把你生命中发生的每一件事都当成生命的馈赠。那么,即使发生再糟糕的事,也是生命给你的礼物!

谨以此故事,献给和我一样起点低、无资源、无背景,在外打拼的每一个"北漂"。哪怕你一次又一次被生活逼到墙角,你始终要坚信:一切发生,皆有利于我!允许一切发生!

只要你心怀热爱，把你生命中发生的每一件事都当成生命的馈赠。那么，即使发生再糟糕的事，也是生命给你的礼物！

热爱的力量

四次创业失败后,我终于找到了成功的秘诀

■ 安小爷

户外露营地先行者
原切牛排供应商
美好事物的创造者

热爱的力量

我一直在想,这世上80%以上的人都是普通人,自己如何才能活得精彩,获得成功,甚至给社会创造价值,变成一个有影响力的人。

大学毕业后,我找了一份工作,很努力地做了近七年,升职到集团高管,略有积累,便辞职开始创业。不出意外地经历了合伙人散伙,这是大多数创业人都有过的经历吧。连续四次创业,恰逢疫情三年,直接将我打回原形。但也正是疫情中的失败,我才真正开始深刻反思自己:我能做什么?我擅长做什么?我做什么有优势?直到2023年我终于逆风翻盘,这一次创业走上了正轨,这一年,我三十一岁。

朋友们形容我是一个越挫越勇的女孩,看上去弱弱的,实则骨子里有股倔强。那我来说说使我变强大的四次宝贵创业经历。

第一次创业:和朋友介绍的一位大哥一起开奶茶店。那时我还在上班,大哥负责店里的日常经营,我也没有管理财务。大哥沉迷于恋爱,店里经营情况也不好,年底他便称家中父亲病重,携营业款离开了这个城市,此后再也没有见过。

反思:合伙人一定要选人品好的。

第二次创业:和朋友一起开设计公司。非科班出身的我和两位合作伙伴刚开始的时候,都是满腔热血,每天熬夜做设计方案,隔两天就在施工现场吃灰。由于大家都是初次创业,第一次做老板,每次项目执行难免有分歧,磨合的过程特别痛苦。我们本身经验不足,加上我并不是设计科班出身,年轻的团队后天再怎么补足也没有老师傅的经验丰富,虽然很幸运接了几个不大不小的施工项目,但是总感觉太吃力了,做不长远,于是有了一点积蓄后,我便开始了第三次创业。

反思:光有热爱不行,不擅长的事情不要做。

第三次创业：2019年和一位老师傅在一个高端小区楼下合开了一家三百平方米的蛋糕咖啡综合店。装修完毕后，招聘了新员工送到老师傅那里培训，小姑娘回来说，打了一天的鸡蛋，甜品他们都会做，只是部分配方需要学习一下。老师傅避着我们。我懵了。又是一个完全未知的行业，采购专业烘焙设备和工具的日子简直痛不欲生。我清楚地记得，我们的店9月18日勉强顺利开业了。在新老客户的支持下，在开业的前三个月里，销售数据持续上升，虽然很辛苦，但我们的热情只增不减。好景不长，2019年12月，疫情来袭，实体店备受打击！之后老师傅便说想要退股，这简直是上天在和我开玩笑。疫情下，实体店坚持了一年，还是亏损。朋友给了新的方向和机会，蛋糕咖啡店翻盘无望，我只能选择放弃。

反思：有多大能力就做多大的事。同行人的格局很重要，学会签合作协议很重要。

第四次创业：有一个机会受邀在一个新园区开一千平方米的综合大饭店。园区虽然距离有点远，但是机会和政策比较好，错失这个机会真的有点不甘心，于是我又开始了装修筹备。但没想到，饭店开张后赶上疫情，对于二十几岁的我来说，经营一千平方米的饭店，需要定期开会培训员工，需要管理前厅后厨，需要早起采购，需要做账，需要自己营销，还要接待客户、端盘子做服务、打扫卫生，忙起来还要会做咖啡、甜品。除了颠不动大铁锅不能掌勺烧菜以外，其他的真是需要样样精通。第二年我感觉体力不支，请了一个姐妹一起来经营，总算一些事情有人分担，能缓口气。我曾经被厨师长拿着锅铲从厨房中追出来对着吼："烧不动了，老子不干了，你重新招人吧！"也曾被上班一个月忘记签合同的诈骗贩敲诈勒索过；还曾被亲手栽培一年的好徒弟背叛过。二十几岁时的我，几乎每天都在遇到问题，解决问题。

热爱的力量

以前我对自己失败的创业经历难以启齿，觉得自己丢人。这会儿说出来倒也坦然。生命很早就给了我这么多磨难，很多人生真谛没有人替你总结，做实业的人，每天都忙得脚不着地，看书和学习的时间太少，全靠自己悟。

反思：这样一个多元化的大饭店，我竭尽全力做也很吃力。我是饭店老板，是做蛋糕的烘焙师，是卖咖啡的小姑娘，每个节日要出节日产品、卖各种礼盒。别人说我是老板，而我面临的是：客户不回款，员工工资要发，供应商货款要结，订单全靠卖力推广宣传。店里没生意，我就带着店员去各大步行街摆摊，去后备箱集市卖饮料来补贴员工工资。我每天都很忙，但我不知道我每天在忙什么、赚没赚钱。别人一句话就能说清楚自己的产品，迅速找到自己的客户，而我的主营产品是什么我说不清楚。我必须专业地做一件事，做好一件事，让客户能迅速找到我。

三十岁的时候，别人觉得我有饭店，事业有成，只有我自己知道，其实一身负债。可这话又和谁说呢？父母会担心，你说压力很大，过得不好，父母就会说，创什么业，女孩子回来找份稳定的工作，再嫁个人就可以了。不是没哭过，嚎啕大哭的时候，都是在凌晨下班回家的路上，我把车载音乐放到最大，害怕别人听到自己的哭声。

2022年底，放开防疫政策，我和朋友看中了露营这个新兴的项目。凭借多年的餐饮经验，我迅速找到了最有品质、最高效的出餐运营模式。凭借多年的企业客户积累，我承接了不少大中型公司的企业用餐和团建。这一刻，我突然觉得一切的积累都是值得的。具体成功的模式就不一一细说，一句话概括就是：**用最少的人员创造最大的营收**。

一路走来，因为有团队，有责任和压力，我没有回头的路。正是因为有内驱力，我一直在前进，没有停下过脚步，也没有回过头。失败不可怕，可怕的是没有总结每次失败的原因。创业短短几年，我对自己的认知也越来越清晰。顶层设计和商业模式是项目能不能赚钱、能赚多少钱、有没有上限的重要决定因素。如果有条件，选择没有上限的创业项目，找对了方向，做细分精准领域，坚持不懈地去做，如果再有点运气，当然更容易成功。

要创业，一定要对自己有足够的认知：**我擅长做什么？我是否足够热爱？我做这件事是否有优势或者机会？**

擅长能让我们做这件事情做得更优秀，甚至有可能在这个领域做到最优秀。热爱能保证我们在遇到卡点和挫折的时候，有继续坚持的内驱力。优势和机会能让我们迅速取得一个小成果。团队有了一个小成果以后，更容易有凝聚力去取得大成果。

同时满足以上三点，创业成功的几率更大一些。

忌：同时做很多事，多元化在创业初期未必是好事，定位不够精准，客户就不够精准。

创业，一定要让自己做专业的事。只有擅长不够，只有热爱不够，只有机会也不够。

那热爱是什么？我理解的热爱和恋爱的感觉很像。这件事做起来很快乐，很有激情，我会迫不及待地想去做，就像迫不及待地想去见心爱的人一样。

我并没有很早就知道自己热爱什么，但是当我努力取得一个个小成果的时候，我开始知道自己热爱什么了。

每一段人生经历都是一份宝贵的财富，积累的财富越多，人生就越通透。我的经验不是书上学来的，是踏踏实实从现实中学来的。

我们都要学会在平庸里寻找热爱，从热爱出发，方能抵万难。

我们都要学会在平庸里寻找热爱，从热爱出发，方能抵万难。

热爱的力量

给自己热爱生命的力量

■ 岑玉燕

电梯销售人员
成长的三宝妈
玩赚合伙人

热爱的力量

温室的花朵经不起暴风狂吹，那就成为一棵小草，随风而生。
柔弱的小草顶不住烈阳猛晒，那就成为一棵大树，参天而生。

——

大学毕业之前，我的人生没有经历太多的风雨，就像温室里的植物，平静地生长。我一直以为我的一生都会这么平静地度过：读书、毕业、工作、恋爱、结婚、生子。

大学毕业不久后，我与先生相知相恋结婚，并且拥有了一对龙凤胎宝宝，以为人生"开挂"了，却在不知不觉中迷失了自己，人生有了360度的变化。

不擅长人际交往的我，不知道如何与婆家人相处，产生了很多生活矛盾，没有好好地解决。照顾刚出生的龙凤胎宝宝，加上干不完的家务，我的精神和身体遭受了双重压力，本来爱笑的我，突然变得不再笑了，对生活有抵触心理。

妈妈体谅我的辛苦，将我女儿带到她身边照顾，希望能减轻我的负担。虽然有妈妈帮忙，我依然愁容不解，再加上婆媳矛盾，渐渐地，我有了异样：很容易流泪、情绪不稳定、疑心重、失眠、易醒。

直到有一次，我躺在床上，再一次不自觉地流泪，最后放声大哭，脑海中出现了各种极端想法，甚至想结束自己的生命。后来，极端想法出现的次数增加，睡觉的时间越来越晚，醒来的时间越来越早。

婚后第三年的某一个早上，我发现我病了，而且病得不轻。趁着带宝宝在医院检查，我偷偷地咨询了心理科，得到的结论是重度抑郁症和轻度焦虑症，需要进行药物治疗。先生知道我看心理医生，说我是没事找事，更让我心寒了。

晚上睡不着的时候，我再次出现极端想法，但看着两个可爱的宝宝，我打消了自杀的念头。他们是我唯一的牵挂，如果我走了，不会有比我更爱他们的人了。再看看医生的单子，我痛悟了，我必须自救。

为了孩子，我必须改变。我痛定思痛，要自救，先从改变环境开始。我心想：我要工作。很多人不理解，甚至我的爸爸妈妈都劝我不要多想，忍几年，把孩子养大，等孩子上学了，一切就会变好的。

我的梦想还在吗？如果有梦想为何不能追求？孩子长大了，真的能一切变好吗？我的一生就这样度过吗？这一切都是我想要的吗？不，我不甘心。

我决定自学考证券从业证，没有得到支持和鼓励，我就在不影响生活和家庭的前提下，每天凌晨两点起来学习两个小时。担心灯光影响孩子睡眠，我就躲进厕所学习。

复习一个月后我很有信心地参加考试却失败了，我没放弃，继续深夜在厕所学习，就这样考了三次都失败了，其中有一次因为极度渴望通过考试，我轻信了骗子被骗数千元。此时，曾经不让我咨询心理医生的先生，开始鼓励我，让我继续努力。

面对多次失败，我开始害怕并自我怀疑，心想是否我真的不行。

陪伴我的除了最深的夜，还有两个宝宝均匀的呼吸声，看着他们熟睡的面容，我坚持了下来。幸好，失败四次后，第五次我终于通过了考试，取得了证券从业证，加入了证券公司，开始了我的职业生涯。

初入职场的我，面对各种考核指标一筹莫展，最基本的业务都无从下手，不知道怎么找客户。

老板看到我的业绩很替我着急，多次私下找我谈话。

自带韧性的我开始观察同事是如何开展工作的，并请教上司。在

热爱的力量

他的指点下，我每天坚持到负责的银行驻点，做自己力所能及的事情。当大堂经理忙不过来的时候，我会协助指导客户进行一些简单的操作，渐渐和银行的员工混熟。在银行员工的帮助下，我的客户量开始增加。

每天我都打不下一百个电话，对通话的客户进行分类，对有意向的客户进行回访跟踪。除此以外，我还考察周边有哪些公司或者个人需要拜访，会约上主管一起拜访。

虽然客户量开始增加，资金量却依旧少得可怜，证券业务是考察资金量的，试用期快到了，我离达标还有一段距离。

终于在试用期结束前一个月，在主管的协助下，我争取到一个大客户，新增资产二百万元，顺利通过试用期。半年的试用期让我初次体验到高客单量的魅力。**客户量是成交的基础，而客单价值决定最终效果。**

我有了自己的工作后，不能时时刻刻陪在孩子身边，先生主动承担起照顾宝宝的工作。

女儿很认生，幼儿园放学回家就找我，半刻找不到我的身影都会哭闹。有一次我需要开会加班不能及时回家，以为先生会打电话催促我回家，然而至加班结束手机都没有半点声响。

回家后，我问先生："怎么今天女儿没有找我？"先生说："她一回来就找你了，一直哭，找你找了两个小时，不过我带她出去玩，买蛋糕，哄着她，她才没哭了。"

此时，我更加坚定工作的决心。一个人主动破圈，积极改变，努力向上后，身边人的态度都会随着自己的改变而改变。

2018年，证券公司的劳动合同快到期了。回顾这三年的工作，我积累了很多工作经验，由害怕交际到社交能手，直接升级了几个度。

权衡各种因素后，我决定合同终止后不再续签，与朋友合资开店创业。

几年的工作经历帮我重拾了信心，最难的时候过去了，未来是充满光明的。与朋友合开的卫浴店很快就筹备起来，很顺利地开张了。

虽然有了证券公司的工作经历，但是在创业的过程中依然有很多挫折。我被合伙人直指鼻子大骂不懂人情世故，说话得罪人。面对各种非议，我内心抑郁的种子又有重新发芽的迹象。我对自己又产生了怀疑。

为了讨好我的合伙人，我自掏腰包送他机票去旅游散心，而我独自看店、学习、寻客，很用心地经营卫浴店，几乎将所有的心思都放在工作上了，为了证明我是可以的，我不停地告诉自己：工作吧，只有工作才能证明我自己。

在我沉迷于工作的时候，孩子生病了。儿子莫名其妙地脱发，带他去很多医院检查都检查不出结果，最后确诊为斑秃，以后长头发的可能性只有50％。

在卫浴店开张半年的时候，儿子的头发脱了大部分，最后我亲自给孩子剃了光头，还是不能掩盖脱发的痕迹。同时儿子的性情大变，逃学、暴躁、戾气很重，还对我动手了。只有先生在的时候，儿子才能安静下来，不敢对我动手。

此时我面临两难的选择：**选择工作，便无法照顾孩子；选择孩子，便无法工作。**而此时孩子并不能离开我，店里的生意也迎来了小高峰。

在我考虑如何选择的时候，疫情来了，停业居家隔离。居家隔离

热爱的力量

期间,我们一家四口从未有过的和谐,一起打球,一起玩游戏,一起看电视,一起相互鼓励。儿子的头发有了长出来的迹象。

这个时候,我才深刻地明白,工作很重要,家庭也很重要,对于此时此刻的我来说,家庭比工作重要,孩子的健康是最重要的。我再一次主动选择,选择了孩子的健康。

居家隔离结束后,市场发生了变化,经济遭受前所未有的冲击,卫浴店营业额直线下降。然而,我并没有被这些困难打败。我始终相信,只要坚持努力,总会看到希望。在面对困难和挑战的时候,我选择了勇敢面对,而不是逃避。

我开始重新审视自己的工作,寻找新的机会和突破口。我利用空余时间学习和提升自己的能力,以便更好地适应市场变化和客户需求。同时,我也积极寻找其他渠道合作,共同探讨解决方案。但最终我们还是敌不过市场的考验,合伙人意见出现了分歧。生意每况愈下,合作关系也随之变差。

经过一段时间的思考,我向合伙人提出了退出的请求。卫浴店是我的心血,就像我的孩子一样,我看着它出生、成长,最终却无奈放弃它,心中有万般不舍。

纵有万般不舍,人还是要向前看的,认清现状,重新调整自己,放下不合适的负担,是为了更好地前行。**我知道,只有不断努力和坚持,才能够实现自己的梦想和目标。**

在前进中,我没有停下脚步,机缘巧合下,我投身电梯销售行业。在电梯销售这个全新的领域中,我面临着许多挑战。虽然我没有相关经验,但我拥有多年的销售经验,很多基本逻辑是相通的,我相信自己一定能够取得成功。

进入这个行业后，我首先需要了解各种不同类型的电梯，包括它们的功能、特点、适用场合等等。此外，我还需要熟悉市场情况和竞争对手的情况，以便更好地制定销售策略和开展业务。

我积极寻找客户和合作伙伴。根据客源分析，我找出了客源可能所在的圈子，我通过电话、自荐等方式与潜在客户取得联系。虽然这个过程很辛苦，但每一次与客户的交流和沟通都让我更加了解他们的需求和想法，也让我更加自信和熟练地与他们交流。

在与客户和合作伙伴的交流中，我逐渐发现了自己的优势和不足之处。为了更好地提升自己的能力和业绩，我有针对性地学习和训练，在我的不懈努力下，我很快签下了一些合同，并且成交量日渐提升，这对我来说是意义非凡的。它们让我更加坚信自己的能力和选择，也让我更加有信心和动力去拓展自己的业务。

我希望通过自己的经历，激励更多的人勇敢面对困难和挑战，追求自己的梦想和目标。**鸡蛋由内而破是生命，由外而破是食物**。对于生命的热爱，鼓励着我主动破圈，寻找人生的精彩。

对于生命的热爱，鼓励着我主动破圈，寻找人生的精彩。

热爱的力量

习惯沉默的我,用打造个人品牌突破困局

■ 曾勉

地产策划人
IP 轻创业者
知识 IP 直播操盘顾问

热爱的力量

你是一个习惯性沉默的人吗？我是。

我出生在一个三线城市的贫困小县城里面，从我有记忆开始，我们家就在城镇里面，家里人口比较多，生活不苦，有肉吃，有新衣服穿，有屋子住，算是小康家庭了。

这得益于父母当时都在事业单位上班，可当时由于计划生育，事业单位的人最忌讳的就是超生，而我就是一个超生的女孩，出生后就极少跟父母在一起，颠沛流离在各个亲戚家里，稍微有印象的是2—4岁的时候住在博罗杨村的姑婆家。

我4岁回到出生地，跟着大姨、外婆、小姨都住过一段时间，客家人多生是平常事，每个亲戚家里都有2个以上小孩，我住小姨家的时候，小姨的第二个孩子刚出生，大人们的注意力都会集中在自己的小孩和比我更小的小孩身上，我从小就没有得到太多的关注，加上长期寄养在别人家，导致我比较少说话，很少对大人提要求，自己的事情都自己做。

上小学一年级时，我搬回父母家住，当时还不让叫爸爸妈妈，只让叫叔和娘，导致我对家里始终有一种隔离感。后来，家里又多了个小弟，父母的注意力都在弟弟身上，我感觉自己被忽略了，我更少主动向父母提要求，去讨要什么好吃好喝的，心里害怕要求多了会被抛弃。

寄养经历让我缺乏归属感和安全感，就像漂泊的小船一样。 跟父母住在一起后，我也经常处于沉默安静的状态，就默默地处理好自己的事情，做一个不被父母担心唠叨的小孩。

从小的经历让我养成了不会主动提要求的习惯。上班后，我也是习惯埋头闷声做事，只做事不提要求，所以当时公司的一些小项目和尾盘守盘项目都安排我去跟进，我按部就班地工作着，无所谓喜欢不喜欢，就这样从策划"小白"做到了项目负责人。

在公司工作了五六年后，公司突然推我做大项目，这是一个由央企开发，价值100亿元的住宅项目。我一开始非常抵触，一是觉得自己能力不足，胜任不了；二是央企关系复杂，我害怕处理关系。我犹豫了很久，迟迟没有给公司答复。这时候，行政同事的一句话警醒了我："你没有做过一个完整的项目，这是个新盘又是个大盘，是个很好的机会。"

我心里一顿，当时的我已经30岁了，但由于长期做公司的小项目以及尾盘，对全案操盘体系认知仍不完整。错过这次机会，我以后可能就没有更好的发展了，这念头一起，我毅然接受了这个项目，开始了职业生涯第一个百亿项目策划操盘。

项目初期，有非常多的前期工作要做，我经常陪着开发商飞各个城市踩盘学习，各种开会定策略方向，然后不断地写落地方案，不停地搞活动导客，迎接项目开售。当时虽然累，可收获了很多未曾有过的体验。**那充实感，总能让我会心一笑，一度让我爱上了工作，同时也让我感悟到，原来只要你出来，是能感受到另外一片天空的。**

项目第二年，我便陷入了团队困境。时任公司老总突然卸职，无人去顶住甲方压力；上级领导跳槽了，没有人指导方向；得力助手要离职，无人分担工作，整个团队分崩离析。

当时团队只剩下我一个人孤军奋战，我陷入深深的迷茫，有种在狭窄暗黑的隧道找不到出路的感觉。过去我是个团队执行者，听从安排做好自己分内的事情就好，现在环顾一周，无人可靠，我把牙一咬、头一抬，逼着自己站到台前来。

我开始去对接大老板，对接甲方领导，还要做团队的Leader，带着新的团队，事事做在前面，积极应对甲方安排下来的工作，争取以

热爱的力量

最快速度和最好质量完成工作,全力支撑着项目业务运转。我们以专业且敬业的状态,荣获了最佳策划团队称号,也赋能到销售团队拿到年度销冠团队称号,我们的团队顺利度过了那段艰难时期。

我之前习惯一个人沉默做事,现在带领一群人做事;原来不喜欢处理关系,后来逐渐喜欢带着团队一起成长,赋能团队,赋能项目。自己不断被认可,自我价值感逐步提升。

2021年开始,地产陷入低迷状态,大环境不好。作为地产人即便再不甘心,也很难逆大势而为。

房地产行业受需求量萎缩的影响,不少开发商以及我们地产营销公司都在大幅裁员,我身边有不少同事已经被动离职了,我和我先生都面临一定的降薪。

那一年我在职场打拼近10年,行业被按下暂停键的时候,我反而可以把心思从工作中抽离出来,沉下心来思考自己的事情。在我待了10年的这个公司,我感觉伸手就能触碰到职场天花板,过去10年,我没有休过一次长假,没有带父母出一趟远门旅游,休息的时候似乎没有自己的爱好,除了窝在自己的二居室里面,竟不知往何处去。

生活太平淡,也许是种幸福,可生活的体验太少,总有一种遗憾,尤其现在日子过得就像温水煮青蛙一样,什么时候被生活淘汰了也不知道,活不出热情洋溢的感觉。

过了35岁,我是否应该继续沉沦在这状态中?内心的答案是否定的!

因此,我开始寻求新的机会。一次偶然的机会,我关注到线上个人品牌。观望3个月后,我决定入局线上,想用副业探索自己的第二人生。

刚接触线上的时候，我发现线上的小伙伴都非常积极，其中有不少来自北大、清华等名校，还有500强等大厂的企业中高管，很多创业者纷纷投入线上赛道，开启新媒体轻创业之路。

长期接触高能量的圈子，那积极向上的状态也在无形中影响你，让你也要使劲去奔跑。反观线下，由于不确定性以及濒临失业的焦虑、迷茫等负面情绪，我更会去思考未来的路该怎么走，不会只是唉声叹气了。

我一个三线城市专科毕业的女孩，没有高学历；在地方地产营销公司工作10年，没有在500强大企业工作的经历；虽然家里有一点创业经验，可都没有创业成功，现在转型线上，如何定位一度困扰着我。于是我不停地问自己，什么是自己热爱且擅长的东西？是什么东西让自己一直坚持没放弃？

定位很重要，但不能因为定位卡住了你的脚步，因为定位不是想出来的，而是走出来的。

我经过不断实践调整着自己的定位，同时向几个个人品牌老师咨询，他们建议我往精细领域精进。我挺享受助人的感觉，有较强的利他思维，经常协助个人品牌老师做直播发售，在深度参与运营发售的过程中，找到了自己线上和线下的强关联，找到了自己热爱且擅长的事，逐步找到了自己的细分领域定位。

有了初步定位，开始做自己的个人品牌，很关键的一点是自己要发声，尤其是第一年没人脉、没流量、没产品，更需要自己站出来。 我不擅长，但我可以学，我花大量的时间去认识新朋友，往返于深圳、珠海两座城市去提高认知，进入各种高能的圈子，树立做人口碑，积累做事经验，逐渐有了第一个线上产品，有了合作的团队，定位很重要,但不能因为定位卡住了你的脚步,因为定位不是想出来的,而是走出来的。

认知被不断打破，心也越来越稳了，1年时间在线上也有万元以上的变现。

通过近2年的轻创业，我感觉无论什么行业都应该拿到线上重新做一遍，无论什么人都可以在线上尝试做IP轻创业，也是对自己人生的一种复盘，自己的知识、经验、犯过的错、踩过的坑都可以拿出来分享，帮其他有需要的用户少走弯路，节省时间。

我在线上创业的起因是不甘于只在家里相夫教子，不想困在职场做女强人，职场和家庭两手兼顾的同时，有一份副业在手，退可守、进可攻，经济独立，能与先生平等对话，也能给家里的宝宝一个好榜样，让自己过上热情洋溢的生活。

热爱的力量

活在热爱的生命里

■ 陈芳

智能制造行业创业者

抱着一种唯愿读到这篇文章的朋友们能有所收获的想法，我敞开心扉把一点深藏心底的触动和大家分享一下。

简单介绍下自己，我属于那种不算太聪明也不算太笨，不算很漂亮也不算丑，不算很有野心也不是很躺平的女生。

前面的三十年我主打一个听话加幸运，一路略有波折但大体顺遂。上学时努力考上了中国人民大学哲学系，然后不知道哲学专业能够找什么工作，就跨专业考研到了商学院市场营销专业。毕业就进了央企留在北京，然后和恋爱多年的男友结婚生娃，绞尽脑汁买了学区房，偶尔和家人来个新马泰旅游。

但是剧情吧，总归得有点反转，才能成为个故事。命运的大门，总得敲响几回，才能体现存在的意义。

命运觉醒的种子第一次撒在了我的二十岁，那是我第一次靠近"死亡"这个词语。大四某个傍晚，我背着书包正准备出宿舍去上自习，突然接到了来自武汉的电话，说从小一起买磁带、一起追剧的初中闺蜜得了肝癌，情况特别不好。

我挂了电话，就呆在了那里，完全不敢相信会发生这样的事情。然后就哭得稀里哗啦，同屋看到我脸都哭紫了，吓到不行。紧接着就是赶回武汉看闺蜜，看见了闺蜜父母向我描述各种止疼药的效果时满满的心疼。我的闺蜜从小就是学霸加班长，考试她考第一我考第二的时候，她能比我高出几十分。这样一位优秀的女儿突然病重，我现在都还清晰地记得一向坚强的叔叔弯着腰低着头站在病房外时的背影。

不到三个月，暑假的一天，闺蜜突然给我打了电话，她说："我一直都在努力学习，仿佛一辈子都是为了一纸学历，结果到最后还没拿到，说不清是遗憾还是不甘。我知道你其实内在是个不服输的人，希望你能放松自己，过得轻松一点，想想自己究竟想要什么。"

热爱的力量

这个电话后的第 3 天,闺蜜就走了。不知道用什么才能感激她在生命疼痛的最后时刻,还在挂念着我,希望我过得好一些。

而这句改变我人生的话我至今都记忆犹新。人这一生,如果仅仅为了别人眼中的成绩、学历,而从来没有去想过自己心中要什么,从来没有为自己努力拼过一回,没有好好对爱自己的亲友尽心,这样的人生只会空留遗憾。

这次生命的叩问只是一颗种子,我依然照着社会主流打法去考研、工作、结婚、生娃。生命很快就来到了三十岁的时候,一个春节我和老公回家过年,公公说他不舒服,去医院检查也没查出个所以然。我们很快返京上班,让公公过了元宵节就到省医院再检查。婆婆的电话打过来说检查结果不乐观,大概率是肝癌。

我们把公公婆婆接到北京,到处去找医院、找名医、等病房,却只等来手术都不能做的结论。后面的时间里就是病急投医,各种各样的偏方试过后,公公说想回老家。

三个月后,公公的病危消息传来。我们回去的时候,公公已经瘦得看不出原来的样子,止疼药不断地加量又加量,不能进食不能说话,只能躺在床上痛苦地呻吟。

直到回光返照的那一刻,公公用力地握住我的手,很难想象前一刻动都不能动的人突然迸发出那么大的力量。我现在都记得手被握住的感觉,带着那种生命的沉重,带着绝望和不甘,带着一缕后悔,公公沙哑地用尽全身力量,说:"我没办法啊。"

我没来得及问公公这些沉重来自什么,就僵硬地开始按照各种习俗去办理丧事。我忘了所有的告别过程,只留下了这一份沉重的体验:人生来不易,别空留悔恨。这几个字从此刻入了我的生命。

春末夏初刚刚处理完丧事,夏天还没有结束。我的生命之门又被叩响了。一个普通的周六，我和老公出去吃了碗我惦记好久的网红螺蛳粉，回来给孩子洗澡。突然，肚子开始疼起来，而且越疼越厉害，我以为是吃坏了肚子，打着滚地疼却不想去医院。

疼到晚上十一点多，我妈妈让我老公赶紧送我去医院，担心我是阑尾炎。结果到了旁边的医院，周六半夜没有做B超的医生，要离开急诊又非要老公签免责协议。没敢签字就在急诊一直耗着，后来我已经疼得什么都不知道了。一直到了黎明，B超医生赶来确定我是宫外孕，才匆匆忙忙把我送到病房。

后面就是一些神奇的体验了，六七点的时候我明明昏迷着，却很清晰地知道时间，知道我自己大出血了，知道自己可能就快挂了。我想叫下老公，却发不出声音。

然后，我就像换了一个视角一样，可以看见自己躺在那里，又苍白又肿，丑得不行；可以看见病房窗外快要天亮的天空，带着光亮却依然暗沉。然后我就看见了我老公，低着头站在床边，不知道是担忧还是心疼的样子。我当时就有一个想法，我要是走了，这个傻男人和孩子该怎么办哟！

后来，医生临时插了个队，把我推进了八点第一台手术的手术室。那次手术我输了很多血，一直到三个月以后，我都做不到爬一层楼梯这种简单的活动。

我特别明确地知道我这基本就算是死过一回了，后面的生命我应该如何度过呢？我不想要跟随社会的大流，什么学历证书，什么名校名企；我不想要屈服于自己的畏惧和胆怯，让自己在生命终结时悔恨；我想要好好爱我的家人，以一种能够彼此放心放手的方式。

后来的日子里就很难再去安心做非常稳定却不知为何的工作了，然后突然有一天，我就走到领导办公室提了离职。

热爱的力量

离职后的日子并没有惊心动魄或者酣畅淋漓，只有更加没有退路、更加清晰的迷茫，还有一年多完全没有工作而越来越紧巴的钱包。前面八年的工作经验在我当时看来完全没有用处，原来的行业垄断到甚至没有同行公司可以跳槽。

离职后，我四处去学习上课，仿佛第一次进入社会一样，和一大群比我年轻得多的在校生或应届毕业生混在一起。我现在都清晰地记得，学习到咖啡馆打烊后去赶最后一班地铁，然后看着北京城的橘黄色灯光弥漫在黑夜里，可真像当时的内心状态，一片混沌，看不清未来的方向。

前面的生命像一个有点小的花盆，虽然有些小但提供了充足的营养。我鼓足勇气敲碎了花盆，却发现深入泥土的每一步都无比艰难。无法完成配色精美的PPT，完全不知道从哪里下手的跨年活动组织，都可以轻松刺激我脆弱的小心脏，让我在地铁上从东边哭到西边。

还好我有股子傻傻的热情，在外面学习的时候，我经常提前到场给老师一些支持和帮助。老师居然看见了我，让我加入团队开始做职场力培训，给顾问老师做助理。我全身心地投入新的工作，认识了越来越多优秀的人，也看见了自己身上的优点。

后来，生二宝后回到湖北老家，本来准备当全职主妇的，却发现家人的投资出现现金流问题。完全没有接触过业务的我，找了所有的银行去跑贷款，却都被拒绝了，有的甚至引导我去借高利贷。没有办法的我又跑回北京，寒冷的冬夜北京的风冷到骨子里，还好终于把北京的房子办了抵押，暂时解决了现金流问题。

当时其中一笔投资由有股东身份的职业经理人在运营，我看见财务报表就发现有明显的逻辑问题，当时傻傻地写了一份几千字的分析报告直接提交公司股东会，把表面的和谐一下搞得四分五裂。公司亏损近千万，还有大量没有交付的项目，一堆供应商的外债还要支付。

我鼓起勇气说，我来吧，不然怎么办呢？即便是这样，家人也还是不放心，觉得你怎么做得好呢？还有股东直接退股，说你不就是个文员，一个小姑娘能干得好才奇怪了。现在想想，真是被钱逼出来的，要不亏钱关门什么也没有，要不创出一条路来，根本都没有功夫和情绪去想那么多。

然后就是一个一个项目去找客户道歉，搬家到郊区公司的员工基本上全部走光了，又一个一个人地招聘进来。幸亏是新冠给了我们一点缓冲时间，疫情三年，我们把以前的项目一个一个交付了。

这个过程中最艰难的是发工资和还贷款，每个月都掰着手指头算需要多少钱发工资，从哪里能够凑够。每一年贷款都要还本金，不知道多少次团队的人掏自己的钱帮我凑齐，让我鼻酸落泪。后来有一次，一贯节俭、讨厌借债的妈妈跟我说，你是不是还缺钱？然后把老家的房子抵押后把钱借给了我。

终于等我抬起头的时候，公司营收过亿，在行业内也创出了一点小名气。又特别幸运地赶上行业飞速发展，上门的客户越来越多。我常常跟人说，创业大体上得靠运气，是真的觉得往回看的每一步都有很大的幸运成分。

今年过年，坐在家里发呆，想着这份幸运到底来自哪里呢？不是来自别的，来自紧跟时代，来自我们的每一小步都在切切实实地推动行业往前走。这一路我们拒绝了太多偷懒和追求短期利益的想法，我把这一路的幸运归结于"守正"。

想明白这件事以后，我就不再担心行业的周期，不再担心各种未发生的事情。行业可能有周期，产品也可能有周期，但是原则没有周期，趋势没有周期，在未来的路上还有无限的可能需要去探索。

热爱的力量

创业这件事对我来说只能算刚刚开始,我依然叫自己创业小白,也不敢有什么高深的分享。**但我喜欢这条艰难的路,喜欢这条路上不断成长的自己,喜欢越来越美丽的生命力。**

愿这篇短短的文字能够让大家看见本身就值得热爱的生命,愿大家生命丰盈,一生喜乐!

行业可能有周期，产品也可能有周期，但是原则没有周期，趋势没有周期，在未来的路上还有无限的可能需要去探索。

热爱的力量

坚持、有信念的孤勇者

■ 陈红

三娃妈妈
诺也美育创始人

人生的道路并非一帆风顺,有时,我们会遭遇许多挑战。

杨绛先生曾说:"每个人都会有一段异常艰难的时光,生活的压力,工作的失意,学业的压力,爱的惶惶不可终日……"

谁都会有那么一瞬间,心态突然就崩了。

谁都希望有一个人能理解自己,耐心倾听自己的感受。

大家好,我是陈红。

在不同人的眼中,我有着不同的身份:公司的老板娘、三个孩子的妈妈、教育机构创始人。

这些不同的身份,使我在四十六年的人生之路上不断寻找活着的意义,在柴米油盐和诗意的生活中不断挣扎,最终找到热爱的事情,发光发热。

看起来光鲜亮丽的人生,其实脚下从来都不是坦途,我走得并不容易。

结婚前的我,开朗、积极乐观的工作狂

我出生在湘西的一个普通家庭,从小就渴望去外面的大千世界看看,并且一直坚信我可以活出自己的精彩人生。

当时我进入一家港资企业工作。1997年香港回归,港企撤资,国企接手,我从一个小职员开始做起,一路任劳任怨,凭自己的努力成为公司各部门争着抢的热馍馍,最终被集团领导直接点名调到总部的采购部。那可是许多人梦寐以求的职位,而年轻气盛的我却一直推三阻四不愿意到岗,因为简单快乐的我向来不喜欢在人际关系的旋涡里面打转,上岗不到三个月,我递交了辞呈,这操作完全出乎所有人的意料,说我不识抬举,但我还是毫不犹豫地选择了离开,虽然这份

热爱的力量

工作可能会给我带来不少的财富，但满足不了我精神上的快乐。

我一直相信人的缘份是上辈子就已经注定的，命运之神总在冥冥之中指引着你，就职的新公司上司是我的职场贵人，后来也成了我的丈夫。在这家公司，我真可以说是废寝忘食地工作，经常加班到凌晨一两点，最后老板怕出人命，通知值班的保安到了十二点赶紧上来锁门赶我下班。尽职工作几年后我觉得这并不是我想要的生活，于是我再次辞职。公司全体管理人员给我开欢送会，七十多岁的老板留下了难舍的眼泪。

2006年一次偶然的机会，我和先生决定创业，开始了创业的艰难历程，创业期间的各种艰辛，只有创业的人才会懂。

尽管创业期间的工作基本占据了生活的全部时间，但是我很享受这种忙碌且充实的生活，成就感满满。**创业不是"会当凌绝顶"，而是不断"山重水复"的过程，决定创业就意味着要面对数不尽的困难和失败，不逃避，不放弃，终有一天会"柳暗花明"。**

结婚后的我，初为人母的幸福

2009年9月9日，在这个大家都觉得寓意非常美好的日子里，我和先生顺利登记领证结婚了，但作为结婚的主人公，登记的日子是我婆婆帮我们预约的，我俩只是在预定时间提前了一个小时赶到现场，还要临时去拍结婚照，当时正在创业中的我们忙得焦头烂额，根本无暇顾及这些事。

2010年，我们欣喜地迎来了第一个宝贝，和所有的爸爸妈妈一样，第一个娃我们完全是看着教科书来培育的。

2014年，一次意外给了我们一个难以决择的难题，我在带老大爬山的过程中，摔成盆骨骨折，在各种 X 光检查后，我得知我有身孕一个多月了，此时，紧张、焦虑、担心的情绪超过了新生命到来的惊喜与期待，躺在床上的一个多月我都在想要不要这个孩子，通过各种渠道咨询给我们的回答都是不要冒险，我们还有大把的机会，可喜欢孩子的我们最终还是无法狠下心来不要这个孩子，在我能活动后，我去了香港检查，各项检查指标显示胎儿健康，医生的一句话"这么健康，为什么会不想要？"让我们吃了一颗定心丸，既然上天给我们这样一份礼物，不管好与坏，我们都坦然接受！

现在回想起来，幸好，我们当时做了一个非常正确的选择，否则也不会有一个这么体贴入微的小暖男出现在我们的生活中。

我们和很多夫妻一样面临着婚姻生活的柴米油盐、如何教育孩子的问题，我自然而然做起了家庭主妇。为了老大上学，我们举家从深圳搬到了广州。

2018 年，我带老大在怒江漂流的时候，得知第三个小生命的到来，当时心里是抗拒的，因为好不容易带大了两个，不想再过周而复始带孩子的日子，于是，在怒江漂流的几天，我抢着做各种重、杂、跑的事，希望他能选择离开，可顽强的他还是坚定地选择了我做他的妈妈，既然母子情深无法割舍，那就敞开怀抱，欢迎他的到来吧！

作为家庭主妇的几年，随着宝宝的成长而产生的家庭问题愈演愈烈。过分关注孩子，忽略了先生工作中的压力；没有日常的交际，跟社会脱轨，跟先生没有共同的话题，聊不到一块；孩子们慢慢长大，调皮、吵闹让我疲惫不堪；诸如此类，纷纷扰扰，矛盾不断。我的状态是焦虑、压抑，看不到未来，总想逃避。我开始变得情绪化，不断怀疑自己选择做家庭主妇的这个决定到底对不对，不断否定自己，进而产生了更多的负面情绪。

热爱的力量

如果你没有生过孩子，你根本无法理解，女人最狼狈的时候就是带孩子的那几年，没有独处的时间，没有经济来源，更没有时间打扮自己，甚至连睡一个完整的觉都觉得是奢侈。即使心里有再多的苦也只能自己消化，因为所有人都会告诉你妈妈都是这样过来的，发牢骚只会让人觉得你矫情、无理取闹。如果不曾经历过产后在抑郁症边缘徘徊的痛苦，不曾体验过日夜带娃每天睡眠严重不足身心疲惫的煎熬，你就不会明白一个妈妈的责任和压力。带娃很累，总不能不带吧，虽然累，但我也明白，人生这道题怎么选都会有遗憾，只能选择活在当下！

那段时间，我也在不断地反思：**未来的我应该怎样活？我到底想活成什么样子？**

这样的生活让我变得有点麻木，孩子和家庭这两个支撑点似乎已经不能支撑我了，我迫切地想要冲破这个桎梏，我想重新找回以前那个自信、开朗、乐观、热情洋溢的自己。

志同道合，开始创业

生活就是这样，边磨合边思考，边摸索边成长，且任何时候，都不会只有一条路。

2018年，一个合适的契机，我和另外两位妈妈为了自家的孩子创办了诺也美育机构。我们梦想着建立一个充满温暖与关怀的教育环境，一个让每个孩子都能发现自己的独特才能、实现自身潜能的乐园。

当时，我怀老三已经八个月了，在广州的炎炎夏日里，我每天会为了前期的各种准备奔波于大街小巷，先生给我撂下一句狠话："你再这样不顾身体到处走,我会把你关在家里锁起来!"也许是母子连心,孩子在机构开业的时候,顺利来到人间,坐月子的我无法亲自参与机构的运营,这种无法亲临现场的煎熬成为我创业旅程的第一个挑战。在开始的一年里,我们付出了很多时间和精力,机构却没有盈利,其中一个合作伙伴选择了离开。在困境中,我们没有放弃,而是以坚韧的精神继续前行。2020年疫情的暴发给整个行业带来了巨大的冲击,于是,同年3月,我和合伙人主动告知全部学员进行了退费处理,我们也许是广州当时唯一一家在疫情期间主动提出退费的机构。在疫情期间,很多机构在面临困境时,可能会通过拖延或限制退款来保护自身的利益,然而,我们一直关注学员和家长的处境,选择以真诚和善意的方式与他们交流,这种真诚和善意为我们赢得了更多支持和认可。

到了2020年6月,部分家长坚持要求重启机构,这是一个艰难的决定。另外一个合伙人也退出了,只有我一人孤身上阵。在疫情的影响下,开停开停的状态使得投入不断增加,亲人开始反对并认为这是时间、精力和金钱的浪费。然而,我选择了毅然决然地前行,坚守着自己的信念。

在这漫长的创业之旅中,我经历了许多困难和挑战。我的孩子们在这个机构里面也找到了自己的兴趣爱好,老大学会了街舞,并且从一个腼腆的小男孩变成了现在敢于随时表达自己的人,老二可以在全校师生面前跳街舞,老三可能是耳濡目染的缘故,特别喜欢画画。虽然没有金钱的收获,但我的孩子们得到的精神上的财富远胜过金钱带来的快乐。

现在,教培行业受到政策调整和之前疫情的双重打击,曾经信任的老师背叛了我,亲人抱怨不已,有些家长无理取闹……但是,我始

热爱的力量

终没有动摇过自己的初心，勇敢地面对每一个困难。

心理学家阿德勒曾说："每个人终其一生都在追求归属感和价值感。"

不管是家庭主妇，还是职场精英，我们都在这个过程中逐渐变成最好的自己。

可以因为照顾家庭而被人养着，但绝不能被养废。

可以不用谋生，但是不能没有谋生的能力。可以退守家庭，也可以重返职场。

同时我也希望，跟我一样曾经离开了职场，在柴米油盐的琐碎里度过了几年的你们，无论什么时候都不要失去重新开始的勇气和决心，生活的选择多种多样，自我设限其实真的没必要。

无论什么时候都不要失去重新开始的勇气和决心，生活的选择多种多样，自我设限其实真的没必要。

热爱的力量

从学英语到教英语，我找到了人生的方向

■ 贺楚彤

托福/SAT/GRE考试培训师
少儿英语原版教材工作室创始人
KET/PET考试培训师

从学英语到教英语，我找到了人生的方向

人生的开局，像是每个人领取了自己的剧本，我领取的，是一份在小城市出生的剧本。在18岁离开家乡去往大学以前，我无数次幻想过人生剧本中，如何享受高光时刻，如何体验成功和精彩。

当我回顾过去的学习和成长经历时，那些能帮我"connecting the dots（将生命中的点连接起来）"的时刻，大多和我对一门知识的渴求、对一门语言的喜欢有关。

9岁的夏天，我跟爸爸学习了初中的英语教材，那居然是我们那个时代能接触到的唯一的英语学习资料。每天上午，爸爸把我带到办公室，开始一点点教我李雷和韩梅梅的故事，下午他就会带我去游泳馆游泳。有一天我们在等候进入游泳馆的时候，里面走出来一个外国大叔，带着金发碧眼的一男一女两个小孩儿。我突然激动了起来，问爸爸："我能不能跟他们说英语呀？"

爸爸观察了一会儿告诉我："可他们是德国人，咱们不知道他们会不会说英语呀！"

就这样，我对英语的喜欢，播撒下了种子。这颗种子，在我未来的人生里，长成了参天大树。

中考时候，它是我考分最高的科目，我也做了3年的英语课代表。初三总复习的时候，我总结了教材里所有的固定搭配，老师拿着我总结的资料，带着全班同学一遍一遍复习。

升入高中时候，那种兴奋劲儿有一些撑不住我的英语学习了，因为高中单词和阅读难度变大了。有一天下晚自习，一位同学带着悲愤和吐槽的心情在黑板上写下了四个大字：English is too hard!

第二天早上，细心的英语老师还是在擦掉的痕迹中，看出了这句话。她在课上说，高中英语学习重阅读、轻语法。这句话，启发了我

热爱的力量

很多年，让我在阅读的世界中大快朵颐，遗憾的是，当时每张考卷上的分数，还是差那么几十分。

高三的一个课间，学校组织了"疯狂英语"的创始人李阳来做讲座。我别提多起劲了，我初二时候能突破英语的发音，就是因为意外看到了他书里介绍的发音练习方法，而我现在居然亲眼看到李老师站在操场的主席台上，邀请同学们朗读英语。我冲到了最前排，高高地举起了手臂，他一下就看到我了！

我还记得，他拿着英语报纸，让大家念他的短文，第一句就是："My English is so poor!"我才念三句，他就抢过了麦克风，大声说："这位同学，你的口语太好了！我要赠送给你我的书！单项选择、完形填空、阅读理解，你任选吧！"

我回想起了高一时候英语老师说的要注重阅读，便说："我选阅读理解！"李阳老师潇洒地在书上签下了自己的名字，我也请学校校长帮我签了名，校长写下了"祝你成功"四个大字。

这可是我和偶像近距离接触，他亲自送我的书呀！于是在接下来的一个月里，我把阅读理解书里面的题目做了两遍，每一遍都认真计时，标记自己的正确率，并且认真复习原文，深入理解题目。两遍结束的时候，我抬起头，那些熬夜、逃早操的时间都是值得的！我的阅读理解开始获得满分了！

我发现，原来找到一个小动力，人的行动力就能提升，再找到方法，加以时间的打磨，成绩就能提高！这样的方法，一直伴随我高考结束，到我进入了理工大学，攻读电气工程专业。

可是，我的人生里，分岔路口总是来得特别快。在大三的一次电机学实验中，我面对着巨大的调试设备，开始设想，我以后的工作就要和这些机器打交道了吗？

我开始分析过去人生里的重大事件。我当初选择工科，是为了能念更好的学校，有更好的求职机会。而我最喜欢的事情，是在大学里做了乐队主唱，学习了乐器，组织了学校的军乐团。还有一件我投入时间最多的事情，就是我课余时间做了中考和高考学生的辅导，虽然最初只是为了赚一些家教的钱，但是我确实在这件事上获得了很大的成就感。我清楚地知道，我从一个学习者转变成一个会教课的人了。

在平淡的大学生活中，我最期待的就是来做讲座的老师们和他们带来的有趣的故事。甚至，那些下晚自习后的慢跑时光里，我听得最多的，也是老罗当年的演讲合集。每一次看完他的讲座视频，我都能打7天的鸡血，在自己拟定的理想道路上继续埋头苦干。

在这些岔路口前，我清晰地看到了我未来的方向：首先要放弃工科专业，不考本专业的研究生了；然后，玩音乐可以作为一辈子的爱好，我没指望它能给我带来多大收益；那剩下的，就是选择英语作为未来的职业方向了。

大三、大四时，我在图书馆背完了托福、GRE 的单词，看了3遍语法书，做了很多"专八"考试的阅读理解题，练习翻译了整本《新概念英语4》和许多政治经济类文章。那段时间我非常孤独，但是内心非常充实。大学的朋友们支持我做的选择，爸爸妈妈也在远方为我排忧解难，学校的图书馆恰逢翻新，在宽敞明亮的教室里，我一遍又一遍地背着单词，做着阅读理解题。

这样的自学，让我很快在北京找到了当英语老师的工作，重要的是它培养了我的学习能力。

就这样上岗了。很快我就发现，老师自己懂没用，关键是让学生懂，而即使学生能听懂，也不代表就能提升分数。当时入职一年的我，看遍了市面上的讲义和教材，我发现这其中还有很多功课要做。

热爱的力量

比如，不同年龄段的学生，有不同的学习方法；不同基础的学生，也有不同的适合他们的学习方式。为了探索这些问题，我经常看教学法的论文和教材，也观摩了很多同行老师的课程。最多的还是在教学的过程中，不断总结课上的具体情况，把课上课下的工作串起来。就这样，我帮助超过 2000 名学生，在托福、SAT、GRE 和 GMAT 考试中取得了高分，完成了孩子们申请学校的重要一步。

我也不断在调整自己的英语教学思路。其间，我也教过大学生考研，甚至 MBA 的联考，帮助很多大学生考上了研究生。我也观察到，在北京有很多学生，他们很小的时候就已经有非常好的英语基础了。

有一个学生，说自己初中时的英语基础就非常好了，高中阶段一直在吃老本。她找我的时候，托福听力模拟考试 28 分，上了一节课，考试就拿到了 30 分。

这引起了我的好奇，她初中的老师是怎么教的？是如何安排他们的课程内容和进度的？在不断的探索中，我发现国外的出版社海量地提供给英语学习者原版教材。其中，我最喜欢的是英语的学习不再板块化，单词一本书，语法一本书，而是一套原版教材，就可以带动学生的听说读写。

这正好符合克拉申的二语习得理论，他提到二语习得理论的两个关键：①可理解性输入；②选择比当前水平难度＋1 的素材。这些我自己在学习和研究中运用过的理论，完全可以帮助中小学生学习英语。不用花太多的时间，不用上太多门类的课，一套教材就能够帮助学生最大限度地提高词汇量和理解能力。内化的能力和知识，才是伴随一生的宝藏啊！

现在，除了出国留学的学生，我还在小学生当中尝试用这种方法提高他们的英语能力。当他们真正把语言习得的能力掌握到手,通过不同时间段的 KET/PET 考试自然就轻而易举了。

就这样,在一次次的实践中,我明白了自己接收到的人生礼物就是我选择的职业,也许也是我的职业选择了我。我在英语学习的过程中不断成长,而我的成长,能提供给学生的,就是一堂堂的好课。

这个世界赋予我的机会,我也愿意把它介绍给每一个朋友。我所热爱的东西,在我走向社会的时候,就给了我最大的信心和支持。因为我喜欢英语,喜欢教英语,才传递给这么多学生学习的信心。**它曾经帮助过我,我也会用我最好的教学,去帮助更多的人,因为这是我的热爱!我的挚爱!**

在一次次的实践中,我明白了自己接收到的人生礼物就是我选择的职业,也许也是我的职业选择了我。

热爱的力量

找到自己，超越自己

■ 黄蓉

985名校升学咨询公司新强综教育创办人

已送60人降分进清北

强基综评港校100％通过率

热爱的力量

考研失利，产生极度自卑心理，每天活在自我打击里

2011 年，我大学毕业，当时准备出国。由于我的大学是政法类院校，所以大家的毕业出路都以考公为主，但是我打算为了名校梦而出国。

我的考研目标是世界顶尖的政治经济类院校——伦敦政治经济学院（LSE），所以大学期间我要求自己的成绩绩点必须达到 3.7。这 4 年里，我拼命努力，每次考试都拿到班级前 3 名。

在获得这样的成绩后，临近毕业时，有一天父亲找我谈话，说还是想让我考公，还是体制好。他说我是政法院校出身，到国外学法律没啥用，出去念个书，毕业回来照样找不到工作，还是得靠家里，他说现在在社会上找份好工作很难。

一开始我不同意，毕竟自己为了名校梦努力了 4 年。但那个时候自己心里确实也没底，因为我的雅思单科作文成绩一直达不到 7，觉得已经没可能被 LSE 录取，**所以带着自我设限、自我否定、自我定义为"英语差"的自卑心，我同意了父亲考公的建议。**

还记得那个时候已经到了 7 月毕业季，身边的同学都参加过一两次考公的练习，运气好的已经在小考中取得了不错的成绩，准备在基层公检法单位入职，有的同学还在冲刺国考，而我报考的单位即将在 10 月开考，那个时候自己没有一点信心。

为了鼓励自己，父母当时说："如果你能考上这个单位，就奖励

你一辆宝马。"后来自己算是为了这辆宝马，开挂般再度冲刺学习，后来如愿以偿考了第一，顺利入职。

所以在毕业时，我一方面带着考名校失利的遗憾，另一方面又带着考公顺利上岸的运气，走进了单位。但从那时开始，对大学付出过4年努力的我来说，更有了想再闯一闯、再为自己拼一把的念头。

也许有人问，你为什么一定要追求名校？我想答案是因为自己的高中同学都太优秀了，他们除了智商高之外，还刻苦、自律，我很欣赏他们，所以在那个环境里，我想让自己和他们一样优秀。但上高中的时候，自己没有那么努力，所以现在很后悔。

高中的我没有目标，每天就知道玩，就知道打游戏。那个时候，我不了解什么是大学，就感觉上完了高中，自然就是上大学，别人考，我也跟着考，考完了，在大学里就能玩，再也不用学习。

看见好几个同学已经保送清北，自己最多就是羡慕人家不用再待在教室参加模考了，晚上7点多我还在那做题，人家就能在学校门口吃炸串，多美！

我都不知道上清北要干什么，要成为什么样的人。我不知道上个好学校除了名字听起来好听，说出去觉得脸上有光，还有什么其他意义。我不知道别人比我多考几分，除了证明他很努力、很聪明之外，还能比自己好到哪里去。高中的我想得很简单，就是你爱学习你学习，我爱干啥我乐意。

但上大学后，当我了解到 LSE 这所学校的时候，就心动了。

当我看到 55 位国家元首或政府首脑，包括李光耀、坎贝尔都毕业于这所院校；当我看到 18 位诺贝尔奖得主，包括萧伯纳、罗素，都是这所学校的校友；当我看到洛克菲勒家族的第三代掌门人，前任

热爱的力量

英国央行英格兰银行行长、货币政策委员会主席都来自这所学校时，我彻彻底底心动了。我也想成为优秀的人。

换句话说，高中时的我并没有意识到：上了清北这些好学校，自己就有可能成为什么样的人。

所以从那时起，我第一次有了目标，并且第一次为目标付出了努力。我再也不打游戏了，再也不玩了。上大学的我，想帮助过去没好好高考的自己，想帮助那个过去没有目标的自己。

入职体制内单位，失去自我，被旧观念束缚，不敢轻易走出去

入职单位以后，父亲告诉我在机关要多写材料，领导秘书是升得最快的。于是上班第一天，当我们书记问我能不能写新闻时，我说能。

然后从那天开始：

在新闻方面，芝麻大的事我都写，我记得一位领导对我说过，写新闻要把一条小蛇写成碗口粗的蛇，那个时候，我写新闻已经到了有事没事都要上系统热搜的疯狂地步；

在汇报总结方面，一件事我能从 10 个角度写，可能全年就干了几件事，但是我能写出干了几十件事的样子；

在评比先进方面，我更能写，写到先进本人听了都脸红、害羞、不好意思，我不仅给对方做好事迹 PPT，甚至还拍 VCR 小视频，去帮先进 PK，争第一。

但凡单位有个比赛，都被我参加遍了，以至于每个部门的人见了

我都说："怎么哪里都有你？"仅仅入职3年，我就拿到了全国先进的个人荣誉。

更可怕的是，我以为这些纸上写出来的荣誉，就好像真的是我自己。

直到有一天，我无意间买了樊登读书会员，当听到那些创业者讲述创业经历，说你得明白你的愿景是什么，你的价值是什么，你对社会的责任是什么，你内心的平静与快乐是什么时，我发现自己全没有。我才发现自己活得就像一具僵尸，仅有一副躯壳而没有真实的自己。

我问自己：这样的工作是你想要的吗？

答案很明确，不是。

我问自己：你没理想吗？

答案更明确，我绝对有理想。

可我的理想是什么呢？我又能为社会做什么呢？

完了，我发现自己除了会写材料，啥也不会。没有一技之长，没有社会经历。

带着这个问题，我开始寻找自己。

屡战屡败，屡败屡战，被骗积蓄也要找到自己

为了找到自己，一开始我找朋友到处问，看看自己能兼职做什么事。

热爱的力量

我帮人倒手卖过茶，发现做个散单赚中间差价不会长久，就想学一门手艺。

然后自己开始学花艺，发现干这行需要耗费巨大的体力，干起来根本就没个白天黑夜，如果承接了婚礼项目，动不动就要熬夜布置场地。还记得自己怀孕 7 个月的某一天，我搬着 20 斤的花材在场地走来走去，后来扎花上下桁架的时候，因为肚子有点大，蹲不下去，老板才发现我是个孕妇，就赶紧来帮忙，让我弄完早点回家。

其实干这个活吃点苦啥的自己都不怕，也觉得没有多大关系，就当锻炼身体了。问题是我发现干纯体力活赚钱也不行，更何况这个活不是我想要实现的价值愿景。

后来，我的记忆又回到了考大学时的自己，发现自己对高考、大学学习的经历还是念念不忘，于是我决定要做教育，通过教育帮助高中生树立目标，做优秀的自己。

正视自己，找到自己，超越自己

为了实现自己的社会价值，帮助那些过去因为没有目标而不努力，错过进名校改变命运机会的学生，我把做教育的目标始终定位在激励高中生和大学生上，我想帮助他们进名校。

这几年，我找到那些当初和我一起高考、被保送到清北，以及那些上了清北复交和世界名校的同学们一起合作，给自己在教育学生、帮助学生打开视野的路上，寻求优质的资源支持。

我学会了正面看待过去自卑的自己，把自己没进名校的遗憾化作一股想帮助更多人的力量，为社会做出自己的贡献。

尽管目前我还在体制内,但我相信自己很快就会有发展。

我觉得每个人自己要创造改变的机会,要有不惧怕的勇气,其实谁也没有拿着刀架在你脖子上逼你做什么事情,如果有,那个架刀的人很有可能就是你自己。

我相信,只要想做自己,就能找到自己,超越自己。

世界那么大,挑战一下,让自己走出去看看吧!

我相信，只要想做自己，就能找到自己，超越自己。

热爱的力量

作为一个家庭主妇,"珍珠梦"给了我力量

■ 贾林

三娃妈

CMU 硕士

珠宝定制

热爱的力量

电视剧《红楼梦》播出的 1987 年，我出生了。也许是《红楼梦》的气韵影响了我，我从小就喜欢多愁善感的黛玉。后来十二星座盛行，我稀里糊涂认定自己是双鱼座，加上身体也不算太好，就开始把自己往黛玉方向培养。长大一些遇到一个姐姐，她很懂星座，聊星座时，她一口断定我是白羊座，对我来说这简直是晴天霹雳啊！但是孩子的喜爱就是那么纯粹，就算自欺欺人也改变不了我对双鱼座的热爱。此时，白羊座不服输的劲儿出来了，我不改初心地继续培养自己伤春悲秋的才女气质，最后竟还真硬生出一丝文人墨客的愁思。

这样别扭的开始，就好像注定了我不会走寻常的路。

大学毕业前，我突发奇想要出国，又不想间隔一年，只做出国的准备，就通过考试申请到了本校的研究生，读研期间成功拿到了美国几所顶级学校的 offer。当时哥伦比亚大学也向我抛出了橄榄枝，我想，哥大又怎么样，我就是不喜欢跟别人一样去拿所谓的"敲门砖"，我可是要去好好学习我的专业的。抱着这样的念头，我放弃了哥大的 offer，转身投入了环境专业排名全美前十的 CMU（卡内基梅隆大学）的怀抱。

我妈妈总说我以后不会走常规的路子，我其实是不信的，你看我学习成绩好，擅长考试，种瓜得瓜，大概率我是要找个稳定的工作，走完我安稳的一生的。身边很多同学朋友都是这样，读完书，或回国或留美，在研究所、世界 500 强公司、高校，继续环境相关专业的工作。

我也做着这样的安排，然而命运引领我走向了别处。

毕业前夕，我忙得昏天黑地，常常通宵做任务，准备各种考试。就在我觉得学校的事情一切尘埃落定的时候，我怀孕了，在我跟我老

作为一个家庭主妇，"珍珠梦"给了我力量

公毫无准备的情况下。经过反复地思考和讨论，我决定回归家庭，自己带孩子，之后我们回了国，有了老二，甚至有了老三。

就这样，在毕业后近十年的时间里，我围着家庭转，家就是旋涡的中心，我像一艘小船，知道最终的方向在哪里，却浑浑噩噩地不知道自己转到哪一圈了，何时才能到达终点。诸位可能想看到一个励志妈妈的故事，她是如何发愤图强，如何逆袭的。然而在这七八年间，并没有这样一个美好的存在，而是一个身心疲惫、努力想去做好妈妈但做不到的痛苦的存在。是别人口中所谓的高材生又怎么样？曾经是别人家的孩子又怎么样？被长辈们夸赞"想做什么一定能做好"又怎么样？就算我有十八般武艺，照样在照看孩子方面处处碰壁，"成就感"三个字就跟天边的云一样，压根摸不着。为了改善在带养孩子知识上的匮乏，我上了三年的父母课堂，去学习孩子的敏感期，去认识孩子的情绪，去摒弃已有的观念和模式，去改造自己。我在想，我不够好，我需要被改造。

很多人觉得一个带孩子的妈妈没出息，一个家庭主妇是不应该得到尊重的，"宝妈"甚至都不能说是一个中性词，而是有点贬义词的味道了。我深陷其中，也被这些声音、这些氛围所浸染。我除了努力学习怎么和孩子相处，还在努力地维持家庭的正常运转，一日作息，饮食安排，365天天天无休，日日操劳。然而生活告诉我，我过得并不好。我陷入了低潮，不知道该去往何方。面对别人对我过往经历啧啧可惜的时候，我更加迷惘，是不是我当年做了错的决定，如果当时做了别的决定会不会更好，为什么我成为现在这副令自己讨厌的样子……这样的内心斗争源源不断，心力就这样迅速枯竭下去。

后来，我看到了"hold住姐"谢依霖的采访，她也是因为有了宝宝，所以做了全职妈妈。她分享道，做妈妈很幸福，但是不快乐。那

热爱的力量

一刻,我突然明白了我为什么会这个样子,能量低,动力缺。是的,我很爱我的孩子们,那么爱,以至于这种爱让我完全丢掉了我自己,但我不快乐,你爱你的孩子,但是同时你也可以不热爱带孩子这项"事业"。爱了这么多年,原来我苦于自己不热爱带孩子这个事情本身,这种负罪感,这种无力感,牢牢掌控了我,将我抛在旋涡里,摸不着边,踩不到地。

终于知道了问题所在,我开始接纳自己。不享受时时刻刻带孩子,那就减少带孩子的时间,把带孩子中最耗损我能量的部分交给专业的人去做,我只是短时高质量陪伴孩子。**就这样,我接纳了自己的不喜欢、不想做,竟然不再排斥生活琐事,接受了生活的无常和不按常理出招,也开始了尝试找寻自己真正所爱的事业。**

其实一切早有苗头,幼儿园需要家长在T恤上画手工画,我查资料找染料,孕晚期一天抽出三个小时坐着一直画个不停,不知疲惫。家里的小饰品,发卡啦,项链啦,出点小问题,不用花很多时间,我一准能解决。烹饪也是我的强项,我喜欢钻研各国美食,毫不厌倦去完善每个烹饪步骤。经常有人调侃的"一看就会,一做就废",到了我身上就变成了"一做就对"。

这些机缘巧合让我开始痴迷于手工,如绕线、编绳,自然我也开始接触各种各样的材料。命运的齿轮开始转动了。做手工过程中,我遇到了珍珠。以往,我对珍珠的了解和认知就是旅游时摆着的一串串白色的、或圆或不圆的、既没什么生气又显老气的"妈妈项链"般的存在。然而,这次与珍珠的相遇,让我彻底打破了对它长久以来的偏见,我一下子爱上了珍珠,我爱它的流光熠熠,它璀璨夺目的珠光。它的细腻,它的丝滑,它的多样(甚至一颗珠子上就闪现多种光晕),它的独特(每一颗都是独一无二的存在),简直让我挪不开眼睛。走进珍珠的世界，才发现原来珍珠不只有白色，还有黑色、金色、灰色、紫色，更有多得数不清的非常规颜色；形状更不仅仅有圆的，还有水滴形、方形、蝴蝶形、五角星形、半圆形……还有淡水、海水，有核、无核的区别；与不同材料搭配显出不同风格，时尚的、休闲的、贵气的、酷炫的……**珍珠向我打开了一扇探索种种可能的大门。**

我开始通过各种不同的渠道大量购买珍珠，与其他人可能有所不同，我购买的都是裸珠。我欣赏珍珠未做成饰品前的样子，更愿意亲手为它们打造符合它们"个性"的"变装舞会"。

随着对珍珠的接触越来越多，也得益于我的几位手作好友和老师推荐货源，外加不断地跑市场和展会，我对珍珠的了解越来越多，对如何鉴别、挑选高品质珍珠越来越得心应手。读万卷书不如行万里路，眼力和手感的形成，需要买得足够多、看得足够多、摸得足够多。渐渐地，身边的亲人、朋友甚至陌生人开始让我帮忙选珠子，帮他们找到价位合适、品质上等的珍珠，然后做成成品——项链、耳饰、戒指、手链、眼镜链……通过沟通后做出定制成品的成就感和他们的肯定，深深激励了我，感动了我，让我感受到了从内心涌动出来的热爱。而后无数个被生活榨干能量，又在珍珠手作中能量回流的日日夜夜，我乐此不疲地为每一个来找我的人编织着一个又一个的"珍珠梦"，这个由我创造出来的"珍珠梦"，哪怕只是小小的一个耳钉，都倾注了我无数的热爱。**只要它们装点了你，这种愉悦时光交换出来的作品都能带给我无限的力量。**

就这样，我的人生又发生了转变，我由一个有些忧郁、有些彷徨的妈妈，变成了我自己。**我爱上了不完美的自己，真正接纳了那个不是完美妈妈的自己，那些彷徨无助的日子，带着我走，带着我找到了我的能量源泉。**而我的家庭也因此发生了变化，笑容变多了，争执变

热爱的力量

少了,更能包容彼此的差异了。

到目前为止,我已经为很多人定制过珍珠,未来我也将一直走在这条路上,为大家奉上美丽的珍珠作品。因为热爱,不用坚持,即可长久;因为热爱,奔赴山海,此时此刻即是最美的风景。

因为热爱，不用坚持，即可长久；因为热爱，奔赴山海，此时此刻即是最美的风景。

热爱的力量

经营好婚姻，掌握追求幸福的能力

■ 焦迎春

婚姻家庭咨询师
擅长性与亲密关系咨询
国家二级心理咨询师

因为自己淋过雨，所以想为你撑把伞。

1972 年，我出生在内蒙古通辽的一个十八线城市，家里兄弟姐妹八个，我是老七。那时候，压根儿就吃不饱，更别提吃什么好吃的了。我看见邻居家就一个孩子，经常有肉、有蛋、有零食吃，馋得我直咽口水。邻居的孩子还有各种颜色的衣服，特别好看，而我却只有哥哥姐姐剩下的旧衣服，其中很多还打着补丁，又肥又大的一点儿也不合身，这让我既郁闷又难过。

可又能怎么办呢？爸妈已经很辛苦啦！他们每天都忙忙碌碌，极少能看见他们的笑脸，并且他们还经常为一些鸡毛蒜皮的小事情争吵不断，摔摔打打，我也经常一不小心就成了他们的情绪垃圾桶，莫名其妙地被骂，甚至被打，我经常感觉自己是多余的。

小时候，绝大多数时间我都跟在哥哥姐姐们的屁股后面，很努力地讨好、配合他们。可经常还是会被他们嫌弃，孤单、无助、委屈和压抑的感觉，伴着我长大，那时的我，似乎根本不知道快乐是何物。

记得七八岁时，一个入秋的傍晚，我在快要回家的时候才发现套在脖子上的家门钥匙不知道什么时候玩丢了。霎时间我害怕极了，我一想到我可能会挨打挨骂，就不敢回家了。

时间一点一点过去了，天越来越黑，我越来越冷，也越来越饿。我希望家里人来找我，又害怕被家里人找到。

我感觉时间过得很慢，不知道过了多久，我鼓起勇气来到家里的外屋，听到家人们正在里屋有说有笑地吃晚饭，好像没有人知道缺了我这个人。

我希望家里人能出来找我，发现我在屋子外面，让我进去吃饭，然后谁也不会因为我丢钥匙这件事说我。但是一直没有人找我，我很失落，我感觉自己很多余，没有人在意我。

热爱的力量

上小学后,看到同学们很多都会唱歌、跳舞,体育也好,我更自卑了,我就像一只丑小鸭,什么都不会。从那时候开始,我经常会通过上课捣乱、说话等破坏纪律的方式,引起老师的注意,很少学习。

这些自卑和不快乐的情绪一直陪伴着我度过了初中和高中的时光,两次高考失败后,我上了函授,通过了自学考试。

1992年函授毕业后,我到饭店做服务员,每天忙到脚趾头疼,饭都吃不进去,回家一动都不想动,一个月工资你们猜猜有多少钱?只有100块钱,那时我迷茫极了,我不知道自己的未来在哪里。

从小在父母的争吵中长大,那时候我最大的愿望就是赶紧长大结婚,离开家,离开这个没有人喜欢我的地方,我一天都不想多待。

那时候,在我的认知里,只知道长大结婚才可以离开家。

因为从小就像一个假小子,别人都担心我找不到对象,也没有人追求我。23岁的时候,我稀里糊涂地和唯一一个追求我、我也不讨厌的人结了婚,各种争吵之后,又稀里糊涂地离了婚。

离婚1年之后,经朋友介绍,和一个离过婚的人结了婚,就是我现在的丈夫。

刚开始过得还好,但是很快又是各种争吵,我感觉我把婚姻过成了最不喜欢的父母婚姻的样子,我再一次想逃离这个家。

我似乎从来没想过未来要做什么,也不知道自己能做什么。1999年,在姐姐的资助下,我开了自己的第一个小吃部,起早贪黑,摸爬滚打,后来有了第2个、第3个、第4个饭店,我从餐饮业赚到了自己的第一桶金。

但是我并不喜欢这个工作,虽然我通过自己的努力,赚了很多钱,住上了别墅,开上了豪车,还有一对双胞胎女儿,老公也踏实顾家，人人都羡慕我。可是我一点儿也不快乐，每天身心疲惫，感觉不到活着的意义，经常会有一了百了的想法。

我认为我的痛苦都来自我的婚姻，都是老公不好，都是老公不对，大多数时候，我都在想要不要离婚，离婚以后怎么办。想得头疼失眠，脾气暴躁，甚至情绪失控打孩子。外人羡慕的生活在我看来毫无乐趣。

在那种情况下，双胞胎女儿也先后抑郁休学，一家人矛盾不断，气氛极其压抑，每个人都很痛苦。

2017 年，我不顾家人的反对，辞掉了一个人人羡慕，待遇优厚，不用起早贪黑、不加班的央企餐饮管理工作，因为我不开心，这个工作干着也没有快乐的感觉。迷茫 2 个多月以后，我开始学习心理学。

在第一天的课堂上，老师的一句话打动了我："快乐是一种能力，快乐是需要学习的。"那时我感觉我的生命即将开始绽放，我的未来将有无限可能，那一年我 46 岁。

随着心理学学习的深入和做一对一咨询以后，我知道了我辞职以及痛苦很多年的原因，是因为我抑郁了，而且我已经抑郁很多年了，从小时候经常被训斥、被嫌弃就开始了。

抑郁会让人感受不到快乐，会降低婚姻中的很多乐趣，不幸福的婚姻也会让人抑郁。

一个家庭就像一个鱼缸，夫妻是水，孩子是鱼。

水不好，鱼就会病。而我们往往忽视水，去治鱼。

在父母的婚姻里，我这条鱼就病了；在我的婚姻里，双胞胎女儿也病了。

随着学习、咨询和自我成长，我慢慢地好起来，孩子也慢慢好起来，先后复学，并考上了大学。夫妻关系越来越好，老公非常支持我

热爱的力量

学习，经常和孩子说："咱们家幸好有你妈妈。"

2019年至今，我做了5年多的心理咨询师，帮助了400多个家庭重新走向幸福。

我印象最深的一对夫妻，一个是博士，一个是硕士，他们的婚姻也是一地鸡毛，两个孩子内向胆小，很少有笑容，来的时候这位妈妈很崩溃，夫妻已经分居7年了。10次的咨询加上他们开始学习心理学和家庭教育，他们全家人越来越好，经常给我报喜讯，分享家里幸福的点点滴滴。

我发现，幸福的能力和学历无关。如果不学习爱的能力，博士的婚姻也过不好啊。

但是一对一咨询费用高，疗程也长，来访者要承受经济上的不小压力。我的咨询费一小时800元，一个疗程就要8000元，大多数婚姻问题调整都需要至少3个以上的疗程，有的可能需要一两年，甚至更长时间。所以我通过这几年不断的学习，参加各种社群，开发了婚恋成长陪伴营这种课程形式。2023年前5期的婚恋成长陪伴营，我为了打磨课程，每次都只招3—10个学员，学员的反馈非常好。

进营学习的时候，有人是怀疑的，认为婚姻是两个人的事情，只我一个人学习改变，有用吗？

有人是因为太痛苦了，没有办法了，不知道谁能解决他的问题才进来的。

有的夫妻除了聊孩子，没有别的话题；有的为了避免吵架，已经很久不和另一半交流了；有的夫妻已经分居很久了。夫妻争吵、嫌弃、冷战是很多家庭的现状。

699元，14天的陪伴营，学员每天都在进步。结营的时候，有人说：

"如果不参加这个陪伴营，我的婚姻就要有危机了。"

"如果不是参加焦老师的陪伴营，可能我早就离婚了。"

"我是哭着进来，笑着毕业的。"

"自己发生了翻天覆地的变化，感觉重新爱上了对方。"

"我的收获太大了，没想到有这么大的改变。"

有专业的指导，80%以上的婚姻都可以不离婚。

每帮助到一个家庭，我都更深刻地认识到自己工作的价值和意义。

我希望用我的专业知识，帮助那些愿意在亲密关系中学习和成长的兄弟姐妹，学习爱，看见爱，说出爱，感受爱，传播爱……

我的目标是每年深度陪伴1000个家庭，让家庭幸福美满，孩子健康快乐。

每年影响10000人关注婚恋情感话题，让更多的人认识到经营好婚姻是自己一生中最重要的事，任何事业上的成功，都不能弥补婚姻家庭的失败。

爱，需要经营，经营需要学习。

不学习就想婚姻幸福，像不像小孩子不学习就想考试得100分，可能吗？

每个人都是自己健康幸福的第一责任人！你不要指望别人，也不要抱怨别人，让自己变得更好是解决一切问题的关键！

如果你也愿意，可以邀请身边你爱的人，一起来跟焦老师学习，掌握追求幸福的能力！

感谢你看完我的故事和拥有传播幸福的初心，愿你活在爱和被爱里！

爱，需要经营，经营需要学习。

热爱的力量

爱生活、爱成长、永葆好奇心，你我一起闪闪发光

■ 靖小禾

2个男孩的妈妈
中医药膳师

热爱的力量

记得初中时的一天,我和几个好朋友爬楼梯回教室,大概是下午4点多吧,淡淡的阳光洒在楼梯上,我们气喘吁吁地谈论长大后想成为什么样的人。不记得大家说什么了,我只记得自己说的是:我想当个普通人。

过去我从来没有想过这个问题,而那一瞬间竟然脱口而出。**世界瞬息万变,如果能当个普通人平平淡淡过一生,也是一种幸福。**

20多年后,那天的画面依然清晰,我依然认同自己当时的观点。

我的经历真的很普通,从上初中、高中、大学,到工作、结婚、生子,内心没有太大波动,一切顺理成章。

然而这种内心的平静,在生子后好像有些不一样了。突然间我要对一个小生命负责任,我不知所措,看他哭得伤心,笑得开怀,我想,我能为他做些什么呢?

来不及思考更多,第一个考验就来了。产后由于一个小意外,我的母乳竟然完全没有了,孩子在月子里没有喝过一口母乳。那一个月我心里特别难过,虽然孩子爸爸跟我说没关系,宝宝吃奶粉依旧可以健康长大,但我真的不甘心,只要听说喝什么可以下奶,我立马就吃,但依然没有任何帮助,我还长胖了不少。出了月子,妈妈一直帮我寻医问药,我开始翻阅资料,到网上搜索相关信息。那时的网络还没有现在这么发达,资料不多,当我得知母乳比奶粉的营养价值高很多时,我就更加坚定了母乳喂养的决心。

原来通过宝宝吸吮可以刺激乳房产生更多的乳汁,还能增进母子间的感情。我眼前一亮,感觉看到了希望,每当孩子饿了,我就根据孩子的状态,将母乳与奶粉混合喂养,逐步减少奶粉的量。就这样手忙脚乱地不断尝试,加上宝宝的积极配合,终于在孩子满2个月时成功实现全母乳喂养,其中的辛酸和艰难至今记忆犹新。

这件事多普通啊，然而作为一个新手妈妈，对于从小被呵护长大、没有经历过任何风雨的我来说，简直是太惊喜了，原来我也可以如此有力量。**我感觉那既是我的至暗时刻，也是我的高光时刻。**

因为母乳，我结识了很多朋友，也帮助不少同样遇到追奶困难的妈妈走出困境，这给了我很大信心，心里有说不出的快乐，这也是我未来不断学习的开端。

现在回忆起来，其实仅仅花费了1个月的时间，我就从完全回奶状态实现了全母乳喂养，即便周围很多声音告诉我不可能，我还是坚持下来了，我佩服那个时候的自己。那1个月的努力使我收获了一份宝藏，那就是信念，我是靠着信念坚持下来的，当我坚信可以做到，就会排除万难，向着这个目标前进，这份宝藏真的终生受用。

养育的路上注定不会一帆风顺，总会遇到各种困难，如何教育孩子，如何高质量陪伴又让我摸不着头脑，于是我又开始家庭教育课程的学习，正面管教、双向养育，以及一些畅销育儿书籍我都学习和阅读过，心理学书籍也有涉猎，在这个过程中我还顺便考取了幼儿教师资格证、小学语文教师资格证，虽然花费了不少时间和金钱，但我觉得超划算。**再遇到育儿问题，我都可以找到方法，或者知道去哪里找答案了，心态也更加平和了。**

当孩子用笃定的眼神温和又坚定地对幼儿园老师说"我和我的妈妈最好了，我们是最好的朋友"时，我很欣慰，被认可、被接纳好像是我们"80后"特别需要的，没想到从自己孩子身上得到了，我又捡到一颗宝石装点人生，那就是专注。当你专注在一件事情上时，你很快就会看到结果，外界的认可并不重要，重要的是自己对自己的认可。

当我觉得可以松口气时，新的考验又来了。有那么一两年的12

热爱的力量

月，孩子都会生病，病程很长，症状有点吓人，后来一到冬天我就紧张，孩子打个喷嚏、咳嗽一声，我就心头一紧。记得每次照顾生病的孩子，我都不记得自己一天吃饭了没有，孩子痊愈了，我也瘦成了纸片人。

与其坐以待毙，不如主动出击，我开始学习中医，如针灸、推拿、刮痧、艾灸、芳疗等等，并且总结了一些家庭常用的健康小方法，孩子生病在等待就医的过程中我能做些辅助干预，比如帮助孩子退热，甚至有些小问题自己就可以搞定，这又让我喜出望外，感觉自己守护家人的技能又多了一项。

这期间，我有了二宝，老大的身体我没有太多精力照顾了。由于小时候生病太多，他的身高体重一度低于标准值，幸运女神再次眷顾我，将中医食疗药膳带到我身边，我们认认真真食疗，不到半年孩子体重就长了20斤，身高也长了不少，达到了标准范围。

其实光好好吃饭这件小事就可以帮助我们的身体保持健康，这么好的方法我一定要学习。比如我家的晚餐向来很丰盛，家人觉得忙碌了一天应该好好补充营养，通过学习，我们将一日三餐调整为"早餐吃得像皇帝，午餐吃得像大臣，晚餐吃得像乞丐"。药王孙思邈曾说"夜饭饱，损一日之寿"，就是说晚上吃撑一顿，是在减损一日的寿命，故晚餐宜少食。这期间，我考取了高级中医药膳师资格证，继续在这条路上前进，也希望未来可以影响更多人爱上中医，爱上食疗药膳，让中医更加生活化。

我边学习，边把很多小知识分享给了朋友们，我们都认识到了掌握健康知识的重要性，我又收获了一份宝藏，那就是用心。用心做事是会体会到心流的，这是最珍贵的感受，我在付出的同时，也得到了滋养。

朋友眼中的我乐观、有活力、精力充沛、热爱学习，其实我也会沮丧和焦虑，也会给自己很大压力。正是由于我经历过迷茫、焦虑，我就更能理解妈妈们的心情，巨蟹座的我可以敏锐捕捉到对方的所思所想，也愿意去照顾别人，很多朋友说跟我在一起都会变得正能量。其实是因为一路走来，我拥有了这些宝藏，我才有更多能量守护好自己的小家，愈发热爱生活，愿意相信会有更多美好的事情发生。

回顾过去的 40 年，我总结了几个人生小感悟：

1. 境随心转，一切安排都是最好的安排

小时候爸爸教我，所有事情都有两面性。在任何情况下，我都主动去发现事情积极的一面，认为一切发生皆有利于我。

遇到困难时，我其实也会焦虑，进而失眠。当我在正面管教课程中学习到所有情绪都是正常的时，我才恍然大悟，不再自责，坏情绪会来也会走，要学会接纳自己的情绪，关键是如何应对困难。

记得刚参加工作时，有几项任务要大家配合完成，我选择了同事们都不愿意去做的那一项，因为它非常繁杂，需要花费很多时间，还要进一步去分析、归纳、总结。初到职场的我也很紧张，但是更多的是面对挑战的兴奋，我觉得做好这项工作对我是非常好的锻炼。

那时每天到了公司，我会先把本职工作做好，接下来就是去完成这项任务，甚至利用周末休息的时间主动到公司加班，几周过后我把成果递交给领导，得到了领导的赞扬，我自己也很有成就感。

2. 说正面的话

我相信美好会吸引美好，就像花会吸引蝴蝶一样，我们生活在各种关系中，当我的表达是善意的、舒适的，吸引来的朋友自然是同频的。而且语言背后就是思维逻辑，事件要经过大脑接收转换后，再输

出观点,当你的输出是积极正面的,说明你在这件事情中提取的是正能量。

有一次,我家二宝哭了,我说:"哇,你看今天都这么晚了,你才哭了一次呢,你是不是有什么让自己开心的秘诀呀,快点教给我。"二宝边听边停止了哭泣,眼神中透露着惊喜,好像觉得自己真的有很多办法,然后一一给我举例子,比如深呼吸、听音乐……有些办法其实是他临时想到的,以后他在不开心时,也许真的会用上这些办法呢。

3. 终身学习

我一直没有停止学习,不管是过去财务专业课程的学习,还是后来为了照顾好家庭的不断进修,我似乎有种危机意识,原本是不想被淘汰才不断掌握各种技能的,没想到在学习的路上,我个人得到了最多成长,最大受益人原来是自己。

我从过去没有主见的小姑娘,通过学习变成了可以掌控生活,对一切接纳,对未来永远充满希望的大女生,其实这是很多妈妈走过的蜕变之路。我常常会跳出来,以旁观者的视角看自己,我愿意去不断学习,这源于我对世界的好奇心、对生活的热爱和对未来的期待。

4. 利他

在和妈妈们的接触中,我看到她们的心酸、无奈、委屈、付出,也看到她们的坚韧、自强、独立,只要她们需要我,我都会给予最大的帮助,哪怕只是倾听。

我是个普通的职场妈妈,我愿意把我的故事分享出来,是因为我看到很多像我一样的平凡女性,她们每个人身上都有闪光点,我希望自己可以抛砖引玉，让更多的女性闪耀光辉，也许我们的光不是璀璨夺目的，但一定是温馨的。可以想象，当我们各自的光照亮彼此、温暖彼此时，整个世界将会变得温馨美好。

过去 10 多年，我为了守护孩子和家人不断学习，完成了自我蜕变，也找到了自己热爱的事，这是多么幸运啊！转眼 40 岁了，人生上半程虽然看起来普普通通，但我觉得自己就像毛竹一样在不断拔节。

人生就是一场体验，最重要的是让自己拥有快乐的能力，特别希望所有女性都能勇敢地去做自己擅长的事、热爱的事。过好当下，未来可期。

人生就是一场体验，最重要的是让自己拥有快乐的能力，特别希望所有女性都能勇敢地去做自己擅长的事、热爱的事。

热爱的力量

用对生活的热爱，让自己变成强者

■ 梨子

高级演讲培训师
勤思阅读演讲俱乐部创始人

热爱的力量

都说会哭的孩子有奶吃,但我不是这样的。

妈妈说,在我还是婴儿的时候,她只顾着哄哥哥睡觉,我饿了,她也不会给我喂奶,等我哭累了,不喊了,也就不用喂了。

我后来一直在想,是不是因为我在婴儿时期,吃饱的这个需求没有被满足,所以长大后养成了什么都不敢要的性格。因为在我的潜意识里,我觉得就算我开口要了,你也不会给我,我又何必把手伸出去惹人嫌呢?

还记得有一年放假回家,我陪着妈妈赶集。当时哥哥没回家,妈妈经常对着我叫哥哥的名字。她每次都无奈地笑一笑,我看到她的眼里有对我的不好意思,也有对哥哥的想念。

她在那一刻,只想得起哥哥的名字,想不起我的名字。她只记得哥哥的生日,连我今年多少岁都不确定。

我曾无数次想要质问妈妈,可是记忆里只有妈妈严厉的眼神,像利刃一样。

我有时也会怨恨哥哥,是他夺走了爸妈的爱。把我和哥哥放在天平的两端时,他们每次都会选择哥哥。

可有时我又会觉得自己太矫情,爸妈已经很不容易了,辛苦供着我和哥哥考上了大学。他们没学过家庭教育,这已经是父母能给我的最好的了。

我在委屈和理解中挣扎,在深夜里痛苦。像个炸药包似的,一点就炸;像个刺猬似的,一碰就疼。

后来,有人问我,你当时那么痛苦,有想自杀的冲动吗?我说没有。我一直认为自杀是弱者的行为。

我想成为强者。

生命中有很多美好,我应该走出去,去看更广阔的天地,而不是困在这里，被不好的情绪侵蚀，让自己变得痛苦不堪。

一次偶然的机会，我读了《书都不会读，你还想成功》这本书。这本书讲述的是主人公通过读书，升职加薪，迎娶白富美，走上人生巅峰的故事。

当时我就想，既然他可以，那我也可以，于是我就给自己定了一个小目标，每天阅读一本书。

理想很丰满，现实很骨感。当我拿到书的时候，很头疼，之前仅有的看书经验是看网络小说，纸质书根本就没怎么翻过。但我已经发了朋友圈，告诉大家我要每天看一本书了，如果完成不了，那不是很丢脸吗？为此，我只好硬逼着自己看下去。

当时的我，根本就不会快速阅读，每天要看完一本书，还要发朋友圈，怎么办？

我就去网上搜索关于快速阅读的方法，想看看别人是怎么做到的。所以第一个月，我读的全是关于如何快速阅读的书。我把当时市面上讲快速阅读的书都看了一遍，大概有 30 本。其中对我影响最大的是《实用性阅读指南》这本书，书中提到，哪怕一本书里只收获一个知识点，那也是赚到了。

我想我为什么要每天读一本书，是为了扩大自己的知识储备？可我又不是搞研究的，我读书就是为了用呀。想明白了这一点，我就去做了。在之后的时间里，我一直告诉自己，今天读的这本书，哪怕只掌握了一个知识点，那我也是有收获的。

越到后面，阅读速度越快，因为会遇到很多相似的知识点。就这样每天一本，一本一本地累积，慢慢地我读了 700 多本。

当我把那么多本书都啃下来时，别人每提到一个知识点，我都能

热爱的力量

脱口而出。**阅读让我学会了自己从书中找答案，而不是人云亦云**。我感谢阅读为我打开了一扇窗！我在读书的过程中，找到了自己的热爱，原来我也是很厉害的，也是值得被别人称赞的。

可是后来，我遇到了难题。我会读书，但是要让我当众讲出来，我就像从茶壶里倒饺子，怎么都倒不出来。

对于当众讲话，我一直是恐惧的。我后来找了一下自己恐惧的根源。小的时候我很喜欢说话，一点都不怯场，只要让我讲话，我的小嘴就能叭叭讲个不停。在大人面前也是如此，甚至还有了插嘴的毛病。每当这时，母亲都会当着众人的面严厉地制止我。这导致的后果是之后每次当众讲话，我的潜意识里都会出现这一幕。慢慢地，我的胆子变小了，不敢说了，甚至当别人看向我时，我的脸立马就会变红。

有一次大学演讲比赛，轮到我上台了，我的大脑里一片空白，怎么也想不起来我准备说什么。只能给大家鞠个躬，灰溜溜地下台了。

我觉得自己一辈子应该都不是个会演讲的人，只能坐在角落里羡慕地看着别人在台上闪闪发光，幸好后来我遇到了我的演讲教练王薇和白懿德老师。

一开始学演讲，我其实是抱着试试看的心态。我不知道自己能学成什么样子，是否真的能像我的教练那样，在舞台上闪闪发光。

我还记得第一个视频作业是自我介绍。我站在镜头前录制作业，觉得哪里都别扭。一个作业就录制了2个小时，有点小崩溃。

好在有导师的开导，我调整了心态。白天要上班，我怕早上的时间太匆忙，不能静下心来学习，晚上时间有时不可控，录制视频时间会太晚，所以，我决定提前一天完成作业。这样就不是作业追着我跑，而是我追着作业跑了。虽然每次录制视频都会录制到嗓子哑，但看着自己在镜头前从呆呆的变得越来越放得开，可以自信流畅地表达，我还是蛮开心的。

但当时一直有个难题困扰着我，让我的导师很着急，就是我在镜头前不会笑。

我的导师每次给我点评作业时，都会说："梨子，记得面带微笑呀。"我每次都会说好的，但我每次都做不到。

直到自己第一次去线下讲了 2 小时的课，我才真的学会发自内心的微笑。

当时我们有项作业，是线下实战，要求我们讲 2 个小时的课程，自己找场地、找观众。我内心是拒绝的。

这是我能做到的事情吗？我上哪找场地、找观众？到时候如果被轰下台怎么办？

好在我参加过南京的一个读书社群，我跟他们说，我想做一个分享。然后他们就帮忙找场地，发招募海报了，而我只要负责讲就可以了。

当时现场还搞起了直播，对我来说，真的是一个很大的挑战，但效果出奇的好，大家积极互动，现场气氛很热烈。

现在回想起来，真的很感谢我的教练，让我通过演讲的方式来绽放自己，也感谢当时敢于突破的自己。

后来，我继续精进演讲能力，拿到国家高级演讲培训师证书，也不断通过演讲提升自己的影响力。日更视频号 100 多天，建立自己的阅读演讲俱乐部。遇到了一帮高能量的人，一起发光发热。

在这个过程中，我甚至通过演讲疗愈了自己。其实我在很早之前

热爱的力量

就做过付费心理咨询，但我发现当时的自己无法对着陌生人说出自己的心声，所以去过一次后就再也没去过了。

学了演讲之后，我变得更勇敢、更强大了。

我还记得自己第一次在腾讯会议室说出自己的故事时，双腿发抖，泪流满面。说完后，却有一种瞬间轻松的感觉。

我还记得有一次直播讲书，讲余华老师的《在细雨中呼喊》这本书，很苦的故事，我却不觉得苦，原来我在读的过程中，已经生出了智慧。

我明白了生命中的一切，是为我而来，而不是冲我而来。

是演讲改变了我，我也愿意用它去影响更多的人。

上周日，我和南京团队一起跑了半程马拉松。我们早上6点就要出门，到达集合点的时候，天空下起了毛毛细雨。

我有一淋雨就头疼的毛病，当时就想打退堂鼓。我就说："这下雨天不跑了吧，就在起跑线拍个照，证明我来过就行。"本来心理就有点胆怯，我根本就不是一个经常跑步的人，21公里呢，怎么跑得下来？

小伙伴说："来都来了，一起跑个半马吧。"于是大家哗啦啦地就一起跟着跑了。最后有一次性雨衣也不披了，任雨水往脸上拍打，一摸胳膊上都是水，冷冰冰的，内心却很热。

虽然我跟着跑了，但内心其实还是不够坚定的，我想着要不要中途随便找个理由放弃呀，好在有大家的相互加油打气，让我没有放弃。

跑完了最难熬的前7公里，跑着跑着，大脑里什么也不想了，就看着前方，向着终点奔跑。

中途遇到穿道服的小哥哥和穿东北花衣服的小姐姐，还得到一位跑马拉松高手的现场指导,指导我们跑步的正确姿势。听话照做后,确实感觉省力不少。

后半程,雨停了,我的心态也越来越坚定了。来都来了,拿个奖牌回家呗。最后,我终于拿到了人生中的第一块马拉松奖牌。

虽然淋了雨,但我竟然没感到头疼。当我戴着奖牌对着镜头微笑时,我看到自己的笑容是那么灿烂!

特别感谢我的团队,一路上我们互相加油打气,如果只有我一个人的话,肯定是坚持不下来的。

让自己变得更好是解决一切问题的关键。去找到自己的热爱,去拥抱这个世界,因为我们都值得这世间所有的美好。

去找到自己的热爱，去拥抱这个世界，因为我们都值得这世间所有的美好。

热爱的力量

从酒店服务员到理财顾问，我经历了什么？

■ 李晨

8年金融从业经验

富婆理财顾问

服务多位年入百万女老板

热爱的力量

你好,我是李晨,北京人,如今是一名高级理财顾问,深耕金融行业 8 年,曾任千亿规模私募基金的部门负责人,后来转型做保险经纪人。转型后的第一年,我就获得美国百万圆桌会员、中国保险之星等荣誉。

以前,我曾是一个月薪只有 800 元的酒店服务员,通过找到热爱的方向,如今蜕变成一名高级理财顾问,帮助客户规划上百万元的资产。

今天,我就和你分享我的蜕变经历,我把它分为 6 个阶段。

第一阶段:痛苦挣扎

在高考填报志愿的时候,我在不经意间看到了酒店管理专业,正值青春年少的我没有什么经验,以为学了酒店管理就可以管理酒店,职业发展前景肯定好!

就这样,我踏上了我的学习之路。酒店管理专业要学习的东西是真的丰富,有插花课、调酒课,还有茶艺课等等,在这些丰富的课程中,时光就这么很快地过去了。

转眼就到了实习的时候,我被分配到了北京一家大饭店里的宴会部。

这与我最初设想的职业发展天差地别,每天早上 7 点钟我就得拖着疲惫不堪的身躯去上班,工作的任务有很多,比如要滚桌子、打舞台(就是演讲会场高出的那部分),都是大铁物,一不留神就会让自己受伤,更重要的是一个月只能赚 800 元,太惨了!

第二阶段：寻求改变

不久后，我实在忍受不了了，**我开始意识到一个人只有一辈子，把所有的时间和精力耗在了不断重复的工作上是很可怕的，更重要的是我感觉这个职业没有发展前景，归根结底还是出卖自己的体力去换取金钱。**

机缘巧合，我在酒店的中美商会上认识了人生中的第一个贵人，他是一位金融行业的前辈。

当时的他正好要用场地举行活动，我便抓住了这个时机，虚心地请教他究竟要做什么才能挣大钱。前辈很耐心地跟我说："孩子，你很努力，也很认真，但是你见过多少依靠体力劳动致富的人呢？"

我当时愣住了，紧接着，我便说了一句："不是有句古话叫'吃得苦中苦，方为人上人'吗？"这时前辈指了指桌子上的一粒米饭，说："如果光是肯吃苦就能获得成功，那么最有钱的人就应该是辛苦的农民伯伯了！"

"**穷人为了钱而打工，富人让钱为他打工**。"听了这句话后，我当时如梦初醒。

经过这一番对话，我知道了富人和穷人之间最本质的区别，穷人在用体力赚钱，如果有一天生病不上班，那么就少一天的工资，而富人不仅拥有稳定的工作，还多了一条赚大钱的道路，那就是投资。他们不用担心生病，因为即使生病不上班了，收入也不会因此减少，而这让我下了一个很大的决定，那就是我决定要去金融公司上班。

热爱的力量

第三阶段：人生低谷

对金融知识一窍不通的我，经过 2 个月的不懈努力（凌晨 4 点还在刷题），终于功夫不负有心人，我考下了证券和基金从业资格证，并成功地应聘到了客户经理这一职位。

当时还未经历过风雨的我，对自己是信心满满，对未来也是格外的充满希望，因为那一年可是 2015 年，是股市的超级大牛市！

很多人闭着眼睛买都能赚钱，那时我投入了几万块钱，没多久就翻倍了，我心想这比纯打工强太多了！

每天只要有闲暇的时间，我就看盘，什么龙头涨停战法，什么金蜘蛛形态，什么老鸭头形态，屡试不爽，以为能赚到很多的钱。

我每天都沉浸在短线操作之中，因为在股市中，我觉得我就是自己的老板。当老板得花钱啊，于是我又追加了父母的几十万元进去，幻想着一夜暴富，但好日子没两天，噩耗就来了，2016 年 1 月，大盘暴跌，股市触发了熔断机制。

也就是说你想卖也不能卖，而这让我的账面亏损极其严重，2 天的工夫 10 万块钱就亏没了，当时我非常慌乱，因为再这么亏下去，我的本金都会亏没。

那时，我的士气一下子没了，不仅当时全市场下跌，我的客户们也都没有了交易，没有交易也就等同于没有佣金收入，而这是一场股灾，那个时候我一个月的工资还没有之前的酒店多。每天只能靠吃泡面过日子，下馆子对我来说都是奢侈，真是应了那句老话：有钱男子汉，没钱汉子难。

第四阶段：崭露头角

经此一役，我燃起的斗志差一点被熄灭了，后来偶然间看到股神巴菲特说过："普通人长期投资指数基金，可以战胜大多数专业投资者。"

痛定思痛，我开始努力学习市面上所有的投资方式，后来终于意识到，越追求速成，越容易失败，只有适合自己的才是最好的。为了寻找最适合长期投资的方式，我开始潜心研究基金定投。

通过基金定投，我获得了长期投资赚钱的能力，因为收益和实战经验丰富（各种踩坑经验），简历被基金公司看中，我跳槽成了一名职业投资经理，在公司专门负责公募基金业务，管理 1700 万元的基金。

在这期间，我通过学习商业知识，做了一个知识付费的小副业，帮助 200 人学会了如何用基金钱生钱。

第五阶段：事业转型

2020 年，就在我事业巅峰的时候我选择了急流勇退，源于当时有一次为了陪机构客户，从中午 12 点喝到下午 5 点，喝到吐出了胃液，深夜 12 点还在医院打吊瓶。

我一直在想，是否有一个工作，既可以帮助别人，自己又能够获得更多的自由。

我发现，随着疫情的影响，身边越来越多的女性朋友越来越没有安全感。有一位朋友对我说，她身边没有靠谱的理财顾问，害怕投资项目暴雷，手上好不容易有了百万以上的资产，投资股票、基金吧，

热爱的力量

又怕亏损，放银行存着，又没啥收益，担心跑不赢通胀。

她其实也想给自己和孩子存点钱，既害怕自己老了没钱花，又害怕孩子没有充足的教育金，耽误孩子前程。更重要的是我发现她一直害怕挑战，担心好不容易赚的辛苦钱会亏掉，想保护好自己的财产。

我发现这些问题完全可以靠保险解决，在我考察半年全市场保险主体公司和保险中介公司之后，我选择加入了专注帮助客户做关于钱规划的保险公司——永达理保险中介公司。

我也通过一年的努力顺利成为全球寿险百万圆桌会员（MDRT），MDRT有保险界奥斯卡之称。

在帮助客户的过程中，我也感受到了滋养。我的一位女老板客户通过规划，只用100万元，就可以达到300万元的效果，她跟我说以后再也不用担心钱放在银行贬值了！

我的另一位女白领客户给孩子规划教育金以后，跟我说她买的不是保险，而是心安，她未必能陪孩子一辈子，但这份保单会陪孩子长大，陪孩子出嫁，让她这个做妈妈的换一种方式陪她一辈子，同时让她和孩子远离婚姻中的风险，给钱上了把锁。

看到客户见到方案后满眼放光时，我都特别欣慰，甚至还有的客户说："哎呀，等我老了一年就有100万被动收入，我好发愁啊，这钱怎么花呢？"

第六阶段：回归初心

其实我认为在什么平台不是最重要的，最重要的永远是你究竟能够为这个社会解决什么问题。

我的使命是：帮助 10 万中国女性守护好财富，过上富足美好的生活，拥有选择自己生活的权利！

很高兴与你分享我的故事！讲了这么多，其实就是想把我一路走来遇到的困惑和经验分享给你，希望你能有所收获！

最后分享一段话：**《西游记》中真正让唐僧成佛的不是真经，而是一路上的修行。**只要你相信自己很行，没有人可以阻挡你前行！

只要你相信自己很行,没有人可以阻挡你前行!

热爱的力量

人生版本 3.0

■ 楼洋（Summer）

私人财富管家

热爱的力量

你小时候有没有被问过长大了想要做什么？

在我的印象当中，从我懂事起，就不断有亲戚朋友问我这个问题。

我从小成绩就很好，学习也很自觉，小时候长得还可以，还会跳舞，每一次学校有什么活动，必定会有我的节目，所以一直以来我都是学校里的那个显眼包。所以基本上每一次家里来亲戚朋友了，他们都会问我长大了想做什么。

而我的回答，估计和大部分孩子一样，会随着年龄增长不断进行调整，每次都会给出当下自己认为最好的职业。现在回忆起来，在我小时候给出的所有答案中，有律师，有舞蹈演员，有 CEO 等等，唯独没有当老板这个想法。

也许是我小时候就住在义乌小商品城旁边的缘故，当时每天都看着小商品城里的老板们起早贪黑，每天都过得很忙碌，脚不离地，所以当时老板给我的印象就是辛苦。我看着自己的父母当老板，每天都没有时间好好陪伴家人，老板给我的感觉就是疏离。

11 岁那年，我随着家人离开浙江，来到广东发展。看着父母从事过很多当时处于风口的行业，随着我长大成熟，我越来越认识到，老板除了表面的风光，还有背后养活企业、养活员工的压力和责任。我当时就在想，我长大了，只要安安稳稳打一份工就好，我才不要创业当老板呢！

后来，到了大学，我当了学生会主席，我当时就觉得学生会主席和公司里的 CEO 好像呀，一样的要把董事会（学校团委）的要求，通过带领各个职能部门（学生会里的各个部门）执行到位。所以，当时我就在想，今天我能当学生会主席，将来有一天，我是不是也可以当 CEO？就这样，我好像就在自己的心里埋下了一颗 CEO 的种子。

再后来，我申请去香港读研究生，当时没有找中介，就自己一个人不断反复修改申请文书，准备申请材料，考雅思，考 GMAT，然后请教身边英文水平比我高的朋友，反复一字一句地打磨文书，我申请了香港大学和香港理工大学两所学校的不同专业，被同时录取。最后，我选择了专业排名在世界数一数二的香港理工大学的航运专业，后来也因为有这个专业背景，我在众多申请者中脱颖而出，成功应聘世界 500 强中排名 120 多名的某大型央企驻香港子公司，成为大公司里的一名小职员。

刚入职时，我是从一名进出口贸易的业务员开始做起的，当时主要负责大宗商品进出口的文件及实物从国外进口到中国内地的全程运输，手里经手的每一票货，少则价值几百万美金，多则上亿美金。工作的每一天我都兢兢业业，生怕看错清关文件里的一个字，因为看错会影响货物的到港清关，给公司和下游客户带来损失。我经常熬夜加班，争取用最快的时间完成手上的工作，给后面的环节留出更多的时间，可能因此得到了时任老板的赏识，他给了我很多参与大项目的机会，让我在大宗商品的期货和现货交易中都有了第一手的实战经验。我到现在都记得，当我在电话里和一位英国客户确认成交上亿金额的合同时，我的内心是颤抖的，声音是强装镇定的，那种成交大单的快感，我想我这一辈子都会记得。

慢慢地，我从一名普通业务员晋升成为一名央企的经理，我可以自己独立买货，独立和对家洽谈合同进口单价，审阅合同。也拿到过整个集团"年度优秀员工"称号。在央企工作的这 6 年，很感激领导的栽培和给予我的机会。虽然很多人会说，在大企业工作，每一名员工其实就只是一颗小螺丝钉，价值并不大，但我认为，恰恰是在央企工作的这 6 年，打开了我的格局，让我看到了更大的世界，我接触的

热爱的力量

是世界各国的人和事物。同时，CEO 这颗种子也在我的心里停止了发芽。

直到 2017 年，我生下了第一个孩子。

初为人母的我，开始厌倦以前很享受的加班、出差、买货、盯盘，尤其看到办公室里的女性前辈们，一个个都为工作付出了很多，牺牲了很多家庭时间，没有时间精力去陪伴自己的孩子，晚上八九点还在公司加班，我就会开始怀疑，这样的人生是不是我想要的。

要放弃一份外表光鲜亮丽，有世界 500 强企业光环的经理职位，是个艰难的抉择。经过一段时间的痛苦挣扎，当我清楚地意识到前辈的这种生活并不是我想要的之后，我毅然决定离职，开始自己创业。

人生的第一次创业，我选了英语教培行业，想要加盟开一家连锁英语培训机构，品牌、场地全部看好了，在临近签约时，我看着手里的 500 万预算，还有一系列的招生措施和方案，我又想到，我辞职创业是为了更好地兼顾事业与家庭，为了能有时间更好地陪伴孩子成长，可是当我要去创办一家公司，背负 500 万的创业投入，在创业初期，我要熬过最艰难的站稳脚跟的阶段，我还能心情放松地陪伴孩子吗？我应该也会像我从小看到的老板们和父母那样，忙得脚不离地吧，哪里还有时间和精力来陪伴孩子，过好生活呢？

我并不想当什么女强人，当时我只想当好妈妈，做好自己。于是，第一次创业，还没开始就戛然而止。

也是经过这一次心路历程，我开始意识到，我并不想当老板，当老板要背负经营成本和压力，我不想活得那么累，但是我又想要时间自由，想要有不错的收入，想要实现自己的价值。

以前我有当 CEO 的想法，是因为我想掌控他人。而当我成为一

位母亲，我想创业，不是为了掌控他人，而是为了掌控自己——掌控自己的时间，掌控自己自主选择的能力，我要当自己人生的 CEO。

我不想闲赋在家，无所事事，因为我要当我孩子的人生榜样；我也不想脚不离地地没日没夜地工作，因为我想自己的人生除了工作，还有家庭和我自己；我不想背负太多的创业成本，因为那样没法轻松上阵；我不想我干的事业千篇一律，因为那样我很难保持热爱。

如果说研究生毕业进入大央企工作，是我人生的 1.0 版本，那么做自己人生 CEO 的意识觉醒，想要更好地掌控自己的人生，就是我人生的 2.0 版本。

在人生 1.0 版本里，我在工作中找到了成就感和价值感，但是在有了妈妈这个身份以后，我明显感受到了在当好妈妈与干好工作之间的冲突和拉扯感，那是一种既想当好妈妈，好好陪伴孩子成长，又想好好工作，实现自我价值的不能两全的无力感。

在人生的 2.0 版本里，我可以相对自由地安排自己的时间，可以相对主动地分配工作的时间、照顾孩子的时间，以及留给自己的时间。比起 1.0 版本的时候，少了内心的拉扯和煎熬，反而多了生活工作相对平衡以后的那种成就感。6 岁的女儿说，我就是她的学习榜样，她看到了我平日里是怎么陪伴她和弟弟的，也看到了我在工作中全力以赴的模样，她说她长大了也要像我一样，既要带好孩子，又能有一份自己热爱的工作。

从女儿的话里，我感觉我再一次被击中了灵魂。是啊，世界上一定有很多的妈妈正在或者曾经像我一样，陷在人生 1.0 的版本里苦苦挣扎，经历着内心的煎熬，尤其是错过了孩子重要的成长时刻的那种遗憾，又或是因为照顾家庭而错过职业发展重要时机的那种愤愤不平，都像一颗重重的铅球，时不时地撞击着我们的内心，消耗着我们

热爱的力量

的能量，拖慢了我们向前迈进的步伐。并不是每一位妈妈都能意识到应该在遗憾和愤愤不平之前，先去开启人生的 2.0 版本，做自己人生的 CEO。我们要做的，是事先去避免遗憾，而不是事后去弥补遗憾。

人生 2.0 这个版本，我已经升级迭代 4 年了，我有太多的心路历程和经验可以分享，我想是时候再次升级，向 3.0 版本迈进了。

我的人生 3.0 目标是鼓励和号召 100 位想要平衡家庭和事业的女性朋友，成为自己人生的 CEO。然后，每一位女性再去影响自己身边的 100 位女性，以此让更多的女性成为自己人生的 CEO。女性帮助女性，脱离焦虑，脱离内耗，找到自己热爱的事业，成就更好的自己。

女性帮助女性，脱离焦虑，脱离内耗，找到自己热爱的事业，成就更好的自己。

热爱的力量

从传统培训创业者到洛舒国学汇，我做了什么选择？

■ 洛舒

洛舒易学创始人
师从武当山温罗幅道长
帝都最懂企业家的运势咨询师

很多人曾问过我,我是怎么放弃高营收、较稳定的企业管理咨询事业,通过易学国学培训,成就更多创业者和企业家的。

今天跟大家分享我的转型之路。我是一位普通的北漂创业者,找到了心中的热爱,自此一发不可收拾,一路朝着热爱前进。

创业迷失

2010年,我开始创业,创办了BYJ管理咨询公司,一直为国企、央企和大型民企上市公司做企业内部高管培训,至今服务了100多家央企,受训人数多达3万人。但从2018年开始,似乎陷入了一个死循环,我成了公司最大的业务员,虽然整体营收稳定,但我的内心一直告诉我,我并不喜欢这种工作和生活不分的业务模式,也不喜欢为了中标而压低原本很有价值的培训项目的价格,心中有另一个声音在呼唤我。

内在引领

或许是冥冥之中的指引,大学开始,我总会自觉地记录和摘抄跟易学相关的内容,同时也会看一看身边人的面相、手相,这个过程让我很放松,也很享受,逐渐变成了一种习惯。2013年一次偶然的机会,行业里一位讲易学的倪老师引起了我的注意,那一年我跟随倪老师在山东学习了面相手相学,有了基础后,我总喜欢拿身边朋友和家人的信息来查看核对,久而久之竟然在朋友和亲人圈里有了一定名气。

我开始思考:为什么做这件事这么有动力,还很开心?是因为能

热爱的力量

帮助大家吗？人是否应该做自己真正喜欢并有激情和动力的事情？记得刚工作的时候看过一本叫《源泉》的书，讲的是一个人坚持自己的理想和信念，最终建造了最伟大的建筑。如果我也能做自己喜欢的国学和易学，并把它们变成主业，将是既酷又美好的一件事。

2018—2019 这两年线上学习火起来，随着这波热度，我也尝试了做线上商学院（简易学院，洛舒国学汇的前身），因为经验丰富和热爱，一开始就积累了一众喜欢并支持我的朋友。做了一年，开展了近 20 期线上课程和沙龙，其中有 8 位终身制的伙伴、16 位 3 年期咨询学员、30 多位付费学员。但最后因为商业模式和内部设计的不完善，暂时停了下来。

商业觉醒

2020 年一个偶然的契机，我进入了华北地区商业化和学员体量做得最好的商学院（2006 年服务近 6 万名企业家），2023 年初承担国学项目的全运营设计和招生工作，做了自己喜欢的事情。3 年多的时间，我带领 4 个总裁班，与 300 多名企业家深度接触，持续价值赋能。这 3 年也是我商业思维的觉醒时刻。为了自己热爱的事业，我不再佛系和淡定，而是积极用心地利用每一次可以上台的机会，去宣讲国学项目，为不同班级的企业家做国学沙龙和线上直播内部课。**只有积极地为你想做的事情努力，才是真正意义上的热爱。**

商业觉醒，让我重新看待金钱的价值，从原来最传统的思维方式变为颠覆式的思维方式。因为这是一个全新的国学项目，从产品的研究设计出图到市场化的宣传，从学员的招生到项目的可持续发展，我几乎一人全揽，但心里累并痛快着。正是这份热爱，让我一个人几乎做了 3 个人的事，目前我还在兢兢业业地奋战着。

培训对象从一开始的国企央企中的高层干部，到民间自己创业的企业家学员，这 3 年我更近距离地了解了小微创业者的心路历程，也看清了企业要做好，一把手需要具备的能力和素质。每一个创业者要经历从 0 到 1，从 1 到 100 的心路历程。

比如，我有一位做机器人的学员，通过向我咨询易学和商业梳理，理清了自己前期的迷茫是缺乏"道"的层面的思考（个人大势的把握、企业品牌意识、商业路径），停留在"术"的层面混战（传统的渠道和代理商思维）。从 2022 年 5 月开始，我帮助他对接到合适的投资人，拿到了前期 600 万的天使投资，后又升级渠道和商业模式，在全国发展合伙人团队，2022 年底，他的公司估值 1.6 个亿；2023 年，他的公司又成功被南方某政府引入，目前他的公司享受到相关补贴并进驻了产业园，成为当地高新科技独角兽企业，对同类企业实现降维打击，一路高歌猛进。

这样的企业家还有很多，有做文旅行业、医疗行业、房地产行业、家装行业的等等，他们在个人转折期都存在一些疑惑。通过接触国学易学，他们了解到天体运行的轨迹与人的轨迹如出一辙，修身也修心，最终可突破某些周期，实现人生的突围。

跳出来看自己，我的认知也在这个过程中颠覆、迭代、升级。以往认为正确的思维和逻辑已不重要，重要的是，我清楚我的终极目标是什么了，是给人带来价值，帮助更多符合条件的人成功。这是一个艰难的心路历程，我必须做出取舍。这也是一个深挖自己的过程，让你搞清楚这一生你到底要的是什么，同时也检验自己的毅力与决心。**只有足够想改变，足够想达到自己的理想状态，才会有更快蜕变的决心和行动力。**

开启转型

我很庆幸,在 2022 年底,就明确了未来以及一辈子要做的事业,就是国学易学。就像唐僧西天取经一样,专注目标就会出结果,我一直以来专注的就是易学的应用。2023 年 5 月,我开始有意识地做个人 IP,想让更多的朋友和客户认识我,从单次咨询到一对一咨询再到弟子班,2024 年及未来我还计划开设私塾班和开展国学仙山福地游历研学活动等。

重新出发

2024 年,我决定再次创业,让洛舒国学汇帮助更多的人。

做自己热爱和给他人带来价值的事情,让我始终充满力量。身边企业的朋友、生活中的朋友和企业家学员们,经常请我从易学角度结合创业者的痛点及专业培训咨询经验,给他们支持和赋能,每次都有很好的反馈,同时大家也经常推荐新朋友给我认识。

我希望我和我的团队,未来帮助 10 万多名创业者和企业家,借助高维智慧,增强运势旺人生,同时 3 年内培养出 100 位易学传承爱好者,我们一起"易"行天下!

做自己热爱和给他人带来价值的事情，让我始终充满力量。

热爱的力量

清华硕士从世界500强企业辞职,创立美学品牌

■ 马留琳

留琳美学主理人
清华大学硕士
带领10000＋女性变美

创业这 5 年来，我对很多事情的观点和想法一直在变化、迭代，但那种对美的热情，从来没有消失过。这也许就是我能把这件事一直做下来，还能做这么久的原因。

欣赏美、追求美、分享美，是从我辞职到现在依然能让我热情满满的事。

我分享过很多针对不同身材的穿搭技巧，各种搭配公式、色彩搭配、穿搭底层逻辑、穿搭和心理，因为我相信，**变美可以让人在很多事情上少走弯路，一个人追求美的过程，也是滋养身心的过程。**

接下来的内容，大部分和"美"的具体方法无关，可也是我掏心窝子的话，是关于我辞职重启的勇气、创业的恐惧和我的初心的。

创业以来走过的弯路、摔过的跟头，还有成长的快感和喜悦，都在下面的文字里，如果看到它的你，能得到一点点力量和启发，无论是美还是人生方面的，对我来说就已经很有意义了。

2018 年 6 月，我做了一个违背身边所有人意愿的决定，从世界 500 强央企辞职。

当时的我并不知道，有一扇变美的大门，即将向我敞开，我将带领成千上万的"琳女友"，一起用穿衣找回自信闪光的自己。

也许你之前看过关于我的千赞视频《我的十年》，也许你是第一次认识我，没关系，我们可以慢慢熟悉彼此。

曾经的我，每天被困在一个小格子间里，做着一眼看到头的重复工作，我无数次思考：生活的意义到底是什么？

如今，我成为一名创业者，拥有自由自在的时间，带领成千上万的女性，变得更美丽、更自信。

只是，创业的路，并非一帆风顺。

我曾经历过失去动力、开始怀疑自己是否应该坚持下去的阶段；

热爱的力量

我经历过与好朋友渐行渐远,甚至遭受亲人背叛的巨大痛楚;我也曾经迷失在财富自由的陷阱中,却感受着离挣钱越来越远的恐惧。然而,**在不断探索自我的过程中,我深深地认识到美是一种强大的能量,它能让我的内心变得自信和充实**。它引领着我度过了一个又一个低谷,即使我不能完全无所畏惧地向前冲,但我依然能够持续前行。

正是因为做到了这一点,我比之前自信了 1000 倍。

我倾注了所有的心血,将自己从一个体制内的打工人转变为形象美学导师,总结出了"穿搭逻辑"系列课程,创立留琳美学品牌,帮助了超过 1 万名女性通过提升形象赋能。

也许你想知道我是怎么做到的,今天我来跟你分享一下,我是如何从体制内转型创业的故事。或许在我的故事中,你会找到属于自己的影子。

回顾过去的 5 年,很多片段在我脑海中闪现,宛如电影一般。我将我的创业经历分为 3 个阶段。

辞职探索,找到生命的热爱

清楚地记得 2018 年 4 月的一个深夜,我突然哭醒,35 岁的我,不知道自己喜欢什么,真正热爱什么,更不知道心流在哪里。

那是 5 月底的一天,我去参加公司的半年度中高层总结会议。

台上的同事领奖时,妆容得体,衣着精致,在灯光下闪闪发光,而我则坐在台下心不在焉,穿着一件肥大的黑色棉袄,试图隐藏自己的自卑和疲惫。

2018 年 6 月 1 日,我鼓起勇气背着家人提交了辞职信,将生活按下了暂停键,想要找到一个出口。于是我开始各种探索,正念、旅行、志愿者工作、美学等一一尝试。

7月，MUJI酒店开业。在一个小小的角落里，放着一本小黑书，扉页是粉色的。

直到今天，我仍然清楚地记得那一瞬间，心里有个声音特别激动地在说："我要做这个职业。"于是我懵懵懂懂、充满忐忑地推开了美学的大门。

突破恐惧，把热爱变成事业

可以说，找到热爱的我是幸运的，但也因为赚不到钱，一次次感到焦虑、恐惧。看到身边年入百万千万、财富自由的朋友们，我感觉自己像个失败者，一度想要放弃。

有影子的地方，就有光。当我遇到对的人，我就努力抓住机会靠近他们。

因为遇到了理家理心社的谦谦妈妈，我通过免费穿搭咨询，吸引了第一批付费用户，其中有些人后来成为我的私教学员。

因为遇到了做私域的茜姐，我借钱学习私域发售，并每天练习发布5条朋友圈，这让我对批量发售和经营私域有了新的理解。

因为遇到了专注于研究流量的贺老板，在一次饭局上，我直接抓住了向他付费咨询的机会，他为我重新梳理定位，开启了高价值的一对一服务模式。

他跟我说："越是想要赚钱，就越要释放对金钱的执念。作为一个美学从业者，你需要学会滋养自己，吸引人们靠近你。"

在这条创业之路上，还有很多人一直陪伴着我前行，包括每一位愿意为我付费的"琳女友"。我从最初9.9元的课程开始，逐渐将私

热爱的力量

教收费提高到接近 4 万元一年，甚至有的项目一次收费 20 万元。

我不仅养活了自己，还把热爱变成了事业。

我发现，只有我们相信自己值得更好的，我们才会为那个更好的自己去努力。

自信富足，为更多女性赋能

很多学员给我的评价是"温和、有力量"。在一次次的咨询中，我的许多用户看到了自己一直未曾注意的最美的那一面。

在我的陪伴下，她们发现了自己独特的风格，变得更加美丽自信。她们的形象变化吸引了她们的朋友们，也吸引着更多的人靠近我。

我的客户有女性企业家、公司高管、高校教授、百万项目操盘手，也有在法律、保险、银行、医疗不同行业的精英女性，还有追求终身成长的优秀宝妈。

能够帮助这些女性找回自信，展现出她们真正的魅力，我感到非常荣幸，看到她们的变化和成长，我感到无比的喜悦和满足。

2023 年 8 月，我举办了一场线下游学活动，从各地赶过来的学员很多都是第一次见面，却像认识了很久，我们管彼此叫"琳女友"。

我希望每个靠近我的人，都能有生命力地绽放，就像留琳美学的初心一样，帮助更多女性找到自己独有的美丽，在自信的基础上，追求更大的成就和幸福。

我把美的能量用到了穿搭咨询中。她们爱上了我教练式的咨询方式，跟随我的提问和指导，发现"美自具足"。

我把美的能量用到了视频里，顺应流量密码，发布爆款短视频《我的十年》，单条短视频《搞事业的姐姐怎么穿》浏览量超过 22 万，带货项链卖了上千条，被动收入达到 5 位数。

我把美的能量用到了直播里，打造吸睛的直播间，去年一场线上 8 小时直播，变现 30 万+。我帮助用户打造专属直播间，吸引精准的高净值客户，有时候她们还没下播，就收到用户万元咨询打款。

除此之外，我还坚持每天从不同角度发布 5 条朋友圈，我的文案不光被文案导师夸奖，还成为私域文案的榜样。

美，唤醒了我外在的自信和内在的富足，让我温柔地强大，对自己和周围的世界越来越包容。

同时，我也在想，我如何能够帮助更多的女性，包括此时此刻正在看文章的你，变得美丽自信又富足喜悦呢？接下来，我想问你几个问题：

①你是不是还没体会过普通人既富足又自由的生活？
②你是不是买了一柜子衣服，却还是穿不出自信的感觉？
③你是不是一出席重要场合就不知道穿什么了？
④你是不是空有一身专业本领，但还是吸引不到高净值客户？
⑤你是不是一拍短视频就不会好好说话了？

如果你像我的琳女友一样，有以上困惑，不甘于现状，那么你可以来找我，开启你自信富足的美丽人生！因为，只要能量对了，财富就会来到你身边！

答应我，和我的琳女友一起美出自信和富足好吗？

希望我们无论什么时候，都不要停止生长。

希望我们无论什么时候，都不要停止生长。

热爱的力量

用美育激发孩子的创造力

■ 麦格

深耕儿童美育行业 17 年

50 万粉丝"麦格的创意盒子"微信公众号创办人

麦格艺术启蒙创始人

热爱的力量

你好，我是麦格。

因为年轻时喜欢美国女演员 Meg Ryan，就给自己起了个英文名 Meg，后来写文章，干脆就用 Meg 中文翻译的谐音"麦格"作为笔名，一直沿用至今。

家有一个 20 岁儿子和 6 岁女儿，母亲是我人生中最重要的身份，冥冥之中指引了我的创业方向，孩子、爱、创意、分享和美是我工作的几个关键词，我很幸运一直做着自己热爱的事情。

"我是谁？""我在这个世界上短短几十年，究竟要做什么事情？"这是每个人终其一生都在追寻的答案，我也不例外。

我是一个标准意义上的理科生，大学毕业找工作，进了一家杂志社，阴差阳错地做起了杂志的设计工作。在互联网刚刚兴起时，我自学了互联网网页设计，主管杂志社的线上网站。当时很少有人接触互联网，这份工作经历让我得到了搜狐网的工作（我入职时，搜狐门户网站刚刚创立），当时还是张朝阳本人亲自给我面试，聊了几句，便敲定我入职。我成为搜狐的一名网页设计师，后来又成为国内第一家母婴网站"摇篮网"的初创人员。

2000 年初，网络公司的起起伏伏，让我很快感受到互联网的泡沫。正好有个朋友拿到了杂志刊号，让我和她一起创业。那时我 28 岁，正是最年轻无畏的年纪。我们一起创办了杂志——一本高档的时尚育儿期刊。自此，我从互联网行业回到了传统行业，作为杂志的美术总监，重新回到了杂志社，两年后，这本杂志被德国的贝塔斯曼并购，命名为《父母世界》（*Parents*）。

2003 年，我的儿子出生，我的关注点和兴趣逐渐转移到和孩子相关的事情上。在儿子 4 岁时，我给他考察绘画兴趣班时，发现了一个从国外引进的美术教育品牌。我很喜欢它的课程理念——打开孩子的5个感觉器官、给孩子提供自由自在的涂鸦空间，于是和朋友一起加盟了这个品牌，在北京投资经营了两家线下店。最红火的时候曾经招收到近1000名学生，但是后来因为房租及人工成本太高，不得已在7年之后关停了。

带着一颗被线下培训机构伤透的心，我转战线上。起初只是因为好玩，因为**我是一个爱分享的人，我愿意将自己看到的、感悟到的美好分享给更多的人**，虽然不得已结束了那份小小的事业，但是我从心底里仍然热爱着孩子的美育，于是我带着一腔热情，创办了一个微信公众号"麦格的创意盒子"。

作为曾经的设计师，我对于图片的视觉美感非常敏锐；作为曾经的媒体人，我熟悉文章的选题到最后发布的整个流程；而作为一个妈妈，我深知父母们需要的是简单又有趣的方法，在家里就能和孩子快乐地玩艺术，于是我很快找准了自己的定位和节奏。

作为不折不扣的金牛座，**执着和坚持是我最大的特质**，从公众号创办的那一天起，我就坚持日更，第一个月粉丝1000，第二个月粉丝10 000，第一年就积累了10万粉丝。

我也曾经和自己较过劲儿：为什么要进行日更？我的地盘我做主。然而，好几次在深夜，我从床上爬起来，跑到电脑前把准备好的文章发送了出去，发完后内心无比踏实。**感谢那个多年前的自己，靠着这份勤奋和自律，开启了一个小小的事业。**

在一路的坚持下，公众号慢慢吸引了一群爱生活、爱孩子、爱艺术的父母。到2023年为止，公众号拥有了近50万粉丝，发布的文章浏览量上亿，影响了中国上百万家庭的亲子生活。

2015年，一个偶然的机缘，作为合伙人，我又开启了新的创业项目，以线上课＋实体教具盒的方式，为3—8岁孩子提供艺术启蒙

热爱的力量

课程。我和我的研发小伙伴，根据孩子年龄细分了课程主题，拍摄线上课程，设计实用的教具。**5年时间，我奔波在北京、深圳、上海三地，从无到有地将整个家庭美育的课程体系建立了起来。**

虽然过程是波折的，也经历了很多困难，但是很欣慰的是我们研发的课程及教具盒得到了业内专家的一致好评，走进了中国4万多个家庭，引领着父母陪伴孩子在家里通过系统的学习和快乐的方法，让父母和孩子共同享受创作的快乐，获得艺术的滋养。

多年之后，我在微信群碰到一个妈妈，她说，当年她把我们3岁＋、5岁＋和7岁＋三个年龄段的课程盒全部订购了，现在她的孩子快10岁了，没上过美术兴趣班，艺术启蒙全部来自创意盒子，现在仍然超爱画画。我真的很开心，因为这一份坚持，影响到了很多家庭和孩子。

然而，再美好的理想也敌不过现实的残酷，随着2020年疫情的暴发，投资人撤资，项目被迫停止，曾经意气风发的团队分崩离析。

6年时间，在投入了巨大的物力、财力和人力之后，一切归零。我用了三四个月的时间才走出低谷，拯救我的是日复一日的写作，每当夜深人静，一日的喧嚣退去，便是我与自己内心对话的时候。**我在文字中更加清楚地认识了自己，在这个世界上，每个人都是孤独地来，又孤独地走，没有人可以依靠，我唯一能依靠的只有自己。**

从那时起，我将自己的微信签名改成了"不忧不惧，向心而行"，我不要再为外人的评价而活，我也不要再去追求那些表面的荣光，而是**要依靠自己的努力，踏实地、稳定地走出一条真正属于自己的路。**

疫情之后，我以公众号作为依托，继续不断地努力尝试，去探求生命的无限可能性，**研发好玩的儿童产品、举办亲子夏令营和自然美育活动、拍视频、做直播，所有的事情都亲力亲为，虽然辛苦，但是**

我乐在其中。因为和孩子们在一起，我是能量满满的。他们天真无邪的笑容，天马行空的想法，还有源源不断的创造力，时不时带给我惊喜。

作为一个身体力行的家庭美育实践者，我陪着儿子走过十几年的艺术之路，他在 2022 年考入了美国一所艺术名校，而我又开始陪伴女儿，开启新一轮的艺术启蒙之路，我又得到了一次亲子美育的实践机会。

2022 年，经过几年的探索，我终于确定了后半生要做的事情——创办麦格的艺术启蒙年度陪伴营。我希望通过自己的努力，用我十几年积累的实践经验，推动 3—8 岁孩子的艺术启蒙，帮助父母创建一个让孩子自由创作的家庭美育氛围，让每一个小孩天生就具有的想象力和创造力得到最大程度的呵护。

一年来，有 180 多位爱孩子、爱艺术、爱生活的妈妈加入了我的美育大家庭。我们每天在群内分享孩子的作品，交流彼此的感受和心得，相互扶持，相互激发。在我们的共同努力下，**一个又一个小孩，从刚开始不爱画画，到后来真心享受画画；一位又一位妈妈，从刚开始的焦虑不知所措，到后来拥有宽容和理解的心态，从容享受着和孩子共度的亲子时光。**

生活中从来不乏美的存在，只是我们很多成年人在日复一日的枯燥生活中，慢慢失去了对美的感知力。**孩子们比我们成人更懂得美，他们对于外部世界的感知力是远超我们的，如果我们陪着孩子，以他们的视角去重新感受和发现这个世界的美，那将是一件多么美妙的事情**！

同样，孩子们的想象力和创造力，也是分分钟碾压我们成人的，他们根本不需要成人去教，而是需要适时的启发和引导，不断激发他们本来就有的想象力和创造力，时用时新。

我愿意做那个点亮灯芯的人，帮助更多的父母，在家庭中更好地开发孩子的创造力，让他们自由地、无拘无束地享受艺术创作的快乐。

摩西奶奶曾经说过：**"人生永远没有太晚的开始。投身于自己真正喜爱的事情时的专注与成就感，足以润色柴米油盐酱醋茶这些琐碎日常生活带来的厌倦与枯燥。"**

如今，和我同龄的朋友们早已开始了养生撸猫的悠闲生活，而我依然奔走在热爱的路上。 如何在有限的时间之内，拓宽生命的宽度，活出精彩，是我一直在努力的方向。在为人妻、为人母之余，我希望自己仍保有一个清明而充盈的自我；在被生活所裹挟的奔波辛劳之中，我希望自己仍有对爱和美的向往和憧憬；在白发悄然上头、容颜不再年轻之时，我希望自己的眼神依旧清澈而坚定；在遭遇挫折和失败之后，我希望自己仍旧怀揣梦想，持续努力。

回首 20 年的创业史，虽然经历过很多磨难，也踩过不少坑，但是我始终相信人生没有白走的路，每走一步都是积累。这 20 年来走过的路，没有什么惊心动魄，也没有什么高光时刻，**有的只是在百转千回之后，听从自己的内心，积聚自己的勇气，一步一步地尝试和探索。**

10 年前，和菜头曾经说过一句非常打动我的话："借一双自己的眼睛给读者，让他们用这双眼睛去观察世界。等他们返还你的时候，你就有了无数双眼睛看到的世界。"因为这句话，我创办了公众号。

10 年之后，我将这句话改写成这样：**"借自己的一颗爱心给妈妈们，让她们用这颗爱心去理解孩子。当孩子们返还回来的时候，你就会看到一个充满惊喜和无限可能的世界。"**

如何在有限的时间之内,拓宽生命的宽度,活出精彩,是我一直在努力的方向。

热爱的力量

　　我相信，在这个世界上，人与人之间，人与事之间，都是有磁场存在的，在对的时间做出自己的选择，是来自自己的直觉，而这份直觉，是我对周遭环境的感受，也是我与自己内心的联结。

　　对这个世界保持敏感，对自我有清醒的觉知，跟随内心做出选择，或许，这就是直觉吧！

　　心告诉了我该何去何从。

热爱的力量

找到自己,唤醒内在能量

■ 纳许

心理学学士 & 国家二级心理咨询师
从事 13 年亲子教育,累计辅导个案 1000+
生命内驱力教练

热爱的力量

我们不能用产生问题的思维来解决问题

这些年，我通过个案辅导和团体小组工作坊，帮助几百个人做了心理疗愈。

做心理疗愈，最让我有成就感的，是我能唤起学员们内在的巨大能量。比如我的学员 L，为人非常温暖友善，工作任劳任怨，无论谁和她相处都会感到很舒服。但她的内心藏着很大的恐惧，每当看到孩子不想学习，她就焦虑到吃不下饭、睡不着觉，能量全用来内耗，让人看着十分心疼。她情绪的根源，和那些抑郁自残的孩子相似，是被激起了曾经的创伤。

最近，我几乎每天都会接到把自己割到鲜血直流的个案，其实这是一种情绪模式——当一个人不接受当下的自己，又不被允许表达出来的时候，内在压抑的巨大能量就全都指向攻击自己，直到有一天再也压抑不住……

情绪是每个人生命底层的能量，看见、表达和转化情绪是人生成功幸福的底层能力，只是绝大部分人从来没有学习过，只能苦苦对抗情绪。

陷入情绪内耗的根源，是看不见自己，无法为自己而活，所以注定在黑暗、痛苦中循环。要么背负无尽的担子，直到不堪重负；要么不断地逃避压力，直到无处可逃；要么不停和他人冲突，直到与全世界为敌……

当一个人被全然地看见，他会自然而然地放下外在的压力，发自内心地去把自己变得更好。如果一个人，没有体验过被全然地看见，就很容易陷入内耗。

内耗的人，内心有两大惯性，一个是注意力在他人身上，总希望别人满意，所以会为了别人，把自己折腾得够呛，却不敢去表达自己的想法和需求。**另一个是完美主义**，总想等到完美了再行动。一直在学习，一直在准备，一直在等待，就是不敢行动，不敢突破，觉得自己还不够好。

我在心理辅导中，接待过不少辍学休学的孩子，他们的内心想法是：既然怎么都做不好，那干脆不去做就好了——只要不去做，就不会做不好。

通过几次个案辅导，我帮 L 释放了积压的情绪，并且帮她说出了她从小到大一直不敢对妈妈说的话，看见了从来不能接受的自己。她的焦虑就转换成了安全感，可以给孩子需要的心理支持，很快她的孩子也从厌学回到了正轨。

每一个渴望成功和幸福的人，都需要一份疗愈力，来唤起内心本自具足的能量。

爱因斯坦说过，我们不能用产生问题的思维来解决问题。

现代脑科学研究发现，当大脑发出 β 波时，人处在精神紧张和情绪焦虑的状态中，此时难以发挥理性思维和创造力。而当大脑发出 α 波时，能够促进灵感的产生，加速信息收集，增强记忆力，是促进学习与思考的最佳脑电波。

心理学家荣格有一句名言："潜意识掌控着你的人生，而人们却将之称为命运。"通过内在疗愈，我可以帮助学员主动与潜意识沟通，进入潜意识，达到最佳的身心状态，从而帮助自己，跳脱出低维度努力的圈子。

热爱的力量

别陷入努力认真的陷阱

过去 10 年,我是一个极度努力的人。

白天,我努力上班,给学生们做心理辅导;下班后,我认真看书、听课,学习各个心理学流派。我夜以继日地努力,周末节假日都不停下,就希望靠自己的努力,有朝一日可以改变现状,化解眼前的困境。

那些年,我看了上千本书,学了上百个课程,回头一看,却几乎是十年如一日地原地踏步。

直到年过 30 岁,无情的现实才让我不得不直面——自己埋头努力了将近 10 年,**收入没有变化**,稳定地维持在月入几千元,算上通胀,还倒退了!

关系没有变化,整整单身了 10 年,不是不想恋爱结婚,而是找不到心仪的对象。

内在状态没有变化,焦虑、委屈、烦躁、迷茫一直伴随着自己。

后来,我在咨询辅导中发现,和我之前这种状况相似的大有人在。

我给这种现象起了一个名字,叫"学习的陷阱",或者叫"努力认真的陷阱"。就是埋头努力、非常认真、很爱学习、很会付出,然而并没有什么实质的用处。

这种努力的本质是在用感动自己的方式,逃避现实,更逃避面对自己的恐惧和缺失。

回过头来看,安稳,其实是一种不进则退;只会努力,其实是不值钱的。

为什么许多人宁愿忍受痛苦也不去突破现状？因为受苦是简单的，是你熟悉的舒适圈，而突破是未知的，要面对内心巨大的恐惧。所以选择埋头努力，重复做熟悉而痛苦的事，人生就会越来越难，而选择拥抱未知，突破自己，人生就会越来越简单。

自我价值，是先有自我，再找到核心价值

有人问我："怎么提升自我价值，让自己内在更自信，外在更有行动力？"

确实，自我价值是内心力量之源，但许多人都把关注点放在了价值上，却忽略了自我。一个没有自我的人，再有价值，又有什么用？

问问自己：我敢为自己付出和做决定吗？我敢允许自己犯错和付出代价吗？我敢为自己而表达、敢为自己争取一个不一样的人生吗？

当你敢这样做之后，内在的你自然会长大变强，会有力量支持你。

前些天，老婆对我说："我连续加班到半夜，很想重新找个工作。"我说："不着急，在找到自己的核心价值之前，做什么工作都差不多，除非你是稀缺的，不然谁都可以替代你，只有靠出卖更多时间来换取廉价的竞争力。"

孩子的学习也同理，动辄学到凌晨，也是在出卖更多时间，但一来难转化为成绩的提升，二来即使成绩上去，也还是在低维度内卷，将来毕业后依然是谁都可以替代。

找到自己的核心价值，你才会拥有自主定价权，才可以大胆跟老板 Say no，才可以主动筛选客户，因为除了我，没人能做到。

你的核心价值是什么？孩子的核心价值是什么？有几个人想过这个问题？

热爱的力量

和大多数人一样，我们从小到大接受的教育都是：安分守己、埋头苦干，只讲付出、不求回报……所以父母期盼你认真听话，老师希望你老实守纪，领导要求你任劳任怨，最后，这些都被内化为自己的特质。你只会独自埋头努力，习惯被动等待，不敢主动争取，很怕被人批评质疑。

你是不是像过去的我一样，一直在学习，学了很多，却依然解决不了困境？

前阵子，我在给家里的物品做断舍离时，领悟到了一个心法：你不是拥有了太多没用的东西，而是你拥有了太多东西没去用！知识也是如此，你得把它拿来用，它才会帮助你，乃至滋养你。

你不需要面面俱到，你不需要在什么方面都出色，你只需要找到一个热爱的领域，在一件事情上打造出独一无二的价值，就足够了。

找到对标榜样，持续深耕一个点

我认为一个人能有幸遇到贵人指路，是非常难得的福报。很感恩，我遇到了这样的贵人，找到了自己对标的榜样。

那是在西子湖畔，小和山麓，我和在心理学之路上对我帮助最大的何燕鸿老师一起喝着下午茶，听她讲她在7座城市创业的故事。

"为什么您当年拿着高薪，已经做到跨国企业的高管教练，工作自由又悠闲，却要不顾所有人的阻拦而辞职，毅然创立心启卓教育，走上这条坎坷艰辛的未知路？"我问了她一个我好奇已久的问题。

"因为原来的工作太简单了，没啥意思，不好玩。"她的回答出乎我的意料。

看到我惊讶的表情，何老师停了一下，微笑着继续说："我想要做更有挑战性，也更有意义的事情。教育正是这样的事，孩子的身上有无限的可能性，支持一个青少年的成长，比支持一个原本已经很优秀的高管更有挑战、更有意义，也更吸引我。"

这番话深深触动了我。**我发现，这也是我的初心，只不过许多时候，它被迷茫和恐惧掩盖了。**

每个人都渴望活得更好。一直以来，你不知道要成为什么样的人，不知道要过什么样的人生，只是因为没有遇见可以当作榜样的人，没有见过有人真的活出了恣意的人生。

你随波逐流，浑浑噩噩地活着，你以为自己没有初心、没有梦想，其实你只是把自己的初心和梦想丢了。

因此，最宝贵稀缺的成长资源，是一个能开阔你眼界格局、提升你心力能量的人！

因为遇见了自己的榜样，因为被她的生命经历打动，所以我找回了自己的初心：帮助1000个孩子唤醒内驱力，支持1000个大人找到自我。

我和他们一起同行，一起行走世界，不是去游山玩水，而是去遇见那些平日里他们见不到的人。在这个过程中，我们一起觉醒，一起穿越看不见尽头的隧道，一起去经历那些在自己的圈子里体验不到的事，去认识这个世界上绽放生命的人。

找到自己的人生榜样，胜过千言万语的教导。

找到自己的人生榜样，胜过千言万语的教导。

热爱的力量

有限的起点,不设限的未来

■ 晴雪

私域运营顾问

生命智慧践行者

百万营收社群操盘手

热爱的力量

我是晴雪,一个 1997 年出生的白羊座女孩,一名私域运营顾问、批量成交发售操盘手、生命成长智慧践行者。

提一个问题:如果我现在站在演讲台上,台下的听众是我生命中重要的人,我会讲什么?

我想,我会把我的故事讲给他们听,希望能给他们力量和希望。告诉他们,我们都可以成为光,都可以勇敢地追逐梦想,都可以活出热烈滚烫的人生,而你是你人生最大的贵人。

我出生在河南的一个农村家庭,记得 2019 年有部电视剧《都挺好》特别火,它带出了一个热议词——原生家庭,而原生家庭在那时候就像一块心病困扰着我。我从小在姑姑家长大,跟常见的因为父母外出务工不得不把孩子交给亲戚照顾不太一样的是,我是被我姑姑花钱买回来的。当然,小时候的我并不知道这件事。

我的童年并不算美好,在不到 5 岁的时候爸爸妈妈就离婚了,我跟随妈妈来到了外婆家。在外婆家待了不到 1 年的时间,我妈要重新嫁人就说要把我卖了。后来,是我姑姑姑父花钱把我买回来,才没让我成为没有家的孩子。

当然,一开始我并不知道这件事。那时,我是恨姑姑姑父的,认为是他们把我和妈妈分开了,后来才知道原来狠心的是我妈妈。如果我姑父他们不来,我就要被我妈卖给其他人,是他们用 3000 块钱把我换了回来。所以,我很感激我的姑姑姑父。如果没有他们,我可能已经不在这个世界上了。

虽然他们很爱我,但经济条件并不好,所以,为了不给他们增加负担,我不敢跟他们提任何要求。从小,我没有玩具,没有礼物,就很羡慕那些有很多玩具、礼物、洋娃娃的同学。而我是不能那么不懂事地跟我姑姑姑父闹着要的。所以,**从小我就告诉自己,自己想要的**

要靠自己去争取，这就养成了我积极主动、独立自强的性格，也为我以后遇到很多贵人埋下了一颗种子。

后来，我没有上高中，选择了一所 5 年制的大专，是因为我初三的班主任对我说："上那所 5 年制的大专院校，每学期有 1700 元的学费补助，还有奖学金什么的，基本上能覆盖你的学费，你还能早点儿参加工作。"当时我想着能给家里减轻点负担就去了那所学校。从那时候开始，我就在寒暑假打工赚自己的生活费了。

本来想着早点毕业，开始工作，但现实是现在是一个 985、211 院校毕业生满地抓的时代，我一个不入流的专科生在找工作时，只能选择收银、前台接待等工作。

这些工作不需要什么能力，可替代性比较强，工资也特别低，所以我每个月扣除日常消费和房租以后，根本不剩什么钱，甚至有时还要找朋友借点钱度过。

那时的我迷茫、焦虑、不安。我特别害怕自己一辈子就这样了，害怕自己成为总是为工作和钱操心的人；我想要有更多的收入，不想每天紧巴巴地过日子；世界这么大，而我却没有足够的能力去参与和享受它，我想要改变自己的现状却又无从下手。

当你真正想要改变的时候，整个宇宙都会助你实现愿望。

这时，我无意间在关注的公众号上看到了一篇关于理财课程的推文。命运的齿轮开始转动，我从此开启了财商启蒙和人生剧本改变之旅。

当时，我很喜欢那个课程的社群氛围，我想要加入这个积极向上的圈子。所以，当得知后续有进阶课程的时候，我一直在纠结、犹豫，因为那时的我付不起 1460 元的学习费用。

热爱的力量

那几天,我一遍遍地问自己:"你想一辈子都这样吗?"答案是:不想。想都是问题,做才是答案。最后,我咬了咬牙,借钱报名了课程。

之后,得知那个平台可以线上兼职,我就萌生了报名助教的想法。但线上工作需要电脑,我就无心地和同期学习的一个同学说了这事,他说:"要不我先帮你买了吧,后面你慢慢还我钱就行。"

当时,我感动得不知道说什么好。如果没有他伸出援助之手,可能就不会有今天的我。

有时,一个陌生人可能会成为你人生中的贵人,改变你的人生轨迹。

后来,我在那个平台兼职做线上社群运营、后端课程成交转化,因此接触了几千名各行各业的学员,遇见了很多优秀的人,也为我后面成为一名私域运营顾问、批量成交发售操盘手埋下了一颗种子。

而我这一路走来,遇到了很多帮助我的人,才让我成为今天的我,让我能够有机会和很多高人认识,成为同学、朋友。**正因为被很多人支持和帮助过,所以我也想尽我所能支持和帮助他人**。我在想我能为大家提供什么价值。

我经常会被朋友们羡慕"贵人运"很好,在我人生的每一个转折阶段,总是有贵人适时出现。所以,我想分享我这一路走来,拥有贵人运的心法。

1. 勇敢向前一步

我特别感谢当初借我钱和给我买电脑的同学,让我有机会换圈子,有机会进入一个新的领域,但我更感谢自己当时的选择。世界上唯一稳赚不赔的买卖就是投资自己,当机遇来临时,勇敢向前,抓住机遇，做自己的贵人。

2. 真诚热情

真诚是与人相处的法宝，对他人保持真诚热情，生活中积极主动，一天天积累下来，有一天它就会开出美丽的花。

3. 不怂

什么是不怂呢？

不怂就是能和一些前辈、大佬平等地交流。其实再厉害的人也是普通人，他也会有正常人该有的情绪，那我们就坦坦荡荡地去面对他们，以平等的心去和他们交流。保持真诚，保持热情，这种状态就是会影响到很多人。

牛人其实是抓住了机遇的普通人，他们只是比我们幸运一些。其实很多人就是因为我这种热情的状态愿意靠近我，被我的这种状态打动了！不怂有一点很重要，就是不要有那么多内心戏，觉得大佬是很难相处的或者是什么样的人。

每个人的心理卡点是不一样的，要把自己心里的那些石头一块块搬开。坦坦荡荡、落落大方地和他们去交流。

4. 看到对方的需求

看到对方的需求，是一种能力。

再厉害的人，他也不是什么都会的，他一定会有他不太擅长的方面。这个时候就要去关注他们需要的是什么，再去看看自己比较擅长的领域，能不能给他们一些帮助。比如，我是做运营的，是不是可以在运营这块提供帮助。

5. 主动利他

前面我们说过，再厉害的人也不是什么都会，他一定会有他不太擅长的方面，所以你要去看看自己比较擅长的领域能不能给他一些帮助。有一句话是这么说的："我能为你做什么？利他是最好的利己。"以前我觉得这句话是洗脑用的，但当自己一点点践行后，生活发生了改变，才发现这句话是真理。多从别人的角度出发，多为他人考虑，你会发现你的身边会有越来越多的惊喜。

6. 善于求助

以前，我是一个什么事都喜欢自己抗的人，把自己搞得很累，后面我发现我是可以求助别人的。而且如果你有机会遇见牛人，向对方提出问题，你也许会得到惊喜的答案。

7. 及时反馈

每取得一个成绩，可以向帮助过你的贵人们反馈。看到你的成长，你的贵人们也会特别有成就感。

8. 心怀感恩

感恩是一切的基石，也是一个人特别重要的品质。如果我们能常怀感恩之心，那么事情的发展必将有利于你。

很幸运，在 26 岁的年纪，我在做着自己喜欢的事——私域运营。以它为载体，我链接到了很多人，我是一个喜欢和人链接并且希望能够通过人和人之间的链接见证生命发生美好改变的人。希望我们都能够在自己热爱的领域里发光，赚热情洋溢的钱。

希望我们都能够在自己热爱的领域里发光，赚热情洋溢的钱。

热爱的力量

从内向自卑到通过热爱赚到第一桶金,我做对了什么?

■ 彭伟良

社群战略顾问
千万营收社群操盘手
【专业变现俱乐部】创始人

"伟良老师,每次看你站在舞台上都是熠熠发光的,但在台下见到你又是另一个模样,有点腼腆害羞。"这是别人眼里的我,其实他看没错,我确实有两幅面孔,一副面孔带着过去内向自卑的痕迹,另一副面孔带着现在的样子,讲到自己的热爱的事情就会熠熠发光。

我出生在一个四五线小城里,家里经济拮据,父亲一个人肩上扛着养 3 个小孩的压力,除了看水库,还兼职配送煤气罐。

我小时候经常听到妈妈说的口头禅就是:"赚钱太难了,你要珍惜呀。"

我记得小学时,我在某个午后靠在妈妈的膝盖上休息,妈妈用带着忧愁的眼神望着我,叹气说:"你要好好努力呀,长大了多赚钱,现在我们家比不上别人,你更要懂事。"那个表情在我心里打下了一个烙印,那就是我们家条件比别人差。

内心埋下了一颗自卑的种子,因此我从小就特别沉默寡言,担心自己说错话,引起别人的嘲笑。

我踏入小学的第一天,当老师说要双手放在课桌上,身体板直坐着的时候,我就真的保持了这个动作一整天,老师过来跟我打招呼,我坐得更直了,然后冲着老师露出笨拙又纯真的一笑,一句话都说不出来。

我原本以为过了第一天就适应了,之后也许我会融入班级,像坐在我前桌的小男孩一样,敢调皮地蹦蹦跳跳,到处跟老师同学打招呼。没有想到,那一天的表现竟然是我小学 1—3 年级的缩影。

我每天到了学校,都表现得很乖,然后望着同学们到处乱撞乱跑、玩游戏,心里头藏着的顽皮很想挣脱这副肉身,加入他们。但是,我还是压抑住了自己的天性,因为我妈妈曾经跟我说过,我要比其他人更懂事才行。

热爱的力量

我的乖巧跟同学们的顽皮形成了鲜明的对比，受到班主任的喜欢，毕竟老师都喜欢听话的孩子，谁都不喜欢闹心的学生。

于是，班主任经常拿我作为榜样，跟班里同学说："你们看看伟良多乖呀，从来没有在教室里打闹，这才是榜样呀！再看看你们自己，课间 10 分钟就到处跑，弄得自己一身汗一身灰的，像什么样呢！"

班主任的这段话，让我内心暗自欢喜，让我突然觉得自己牺牲了这么多，做个"乖学生"还是挺值的。但我不知道的是，今后我是要付出代价的。

自从被贴上"乖学生"的标签后，我更不敢在教室里乱蹦乱跳，到了教室就乖乖坐在座位上，翻着书，羡慕调皮的同学。我特别害怕自己"乖学生"的荣誉被摘掉，所以小学时候都在努力做一个老师眼里懂事的好学生，导致现在回想起来，我感觉我自己没有童年。

原生家庭带来的内向自卑，让一个本该活泼顽皮的小学生变成了一个特别懂事的"小大人"，不敢张扬，不敢顽皮，不敢叛逆，不敢对抗，只会"讨好"老师跟家长。

小学时候的这段经历，就像一颗打出去的子弹，在我初入社会的时候，击中了我的眉心。

我刚大学毕业那会儿，去应聘了一家在珠海的电信运营商企业，被录用后，加入了集团客户部，主要面向的客户群体是媒体机构。

其实，当时我拿到了很多家机构的录用通知，包括一家策划机构和一家培训机构，薪资都还可以，但我最后选择了实习工资只有 800 元一个月的运营商企业，原因很简单，我想要一份看上去很有面子的工作，这才符合"乖学生"的人设，毕业后就能到光鲜亮丽的国企写字楼里上班。

这第一份工作就给我带来了很大打击，我要经常去拜访客户，由于我特别内向，拜访客户时很胆怯。

我清楚地记得第一次被安排去某个传媒机构领导办公室谈业务的时候，在电话里约好了 2 点半见面，到了客户办公室，我从门缝里看到里面有人在谈事情，突然就为难起来，是敲门进去呢，还是在外面等一等？

我担心自己突然敲门进去，会打扰客户谈事情，惹客户不高兴，于是我就静静在门口等，内心还特别紧张，一遍着急一边紧张，足足等了有 1 个多小时，客户还在谈事情，丝毫没有结束的迹象。

然后，我又在门口等了 1 个小时，终于等到客户谈完事情，推开门要送走别人了，我悄悄躲了起来，生怕他看见我，笑话我等太久了。等客户把门关上，我看了看手表，已经快到下班时间了，我又犹豫起来，进去会不会影响客户下班，他会不会不开心呢？

最后我就看着客户推开门，离开了办公室，而我在他的门口等了足足一个下午。

内向自卑的种子，好像一夜之间突然长大了，扎根在我的工作里。我沮丧地离开了那里。

那一刻我开始有点讨厌内向自卑的自己，觉得自己似乎做不成什么像样的事。直到第二件事的发生，让我感受到了性格缺陷所带来的崩溃感。

有一天，我打开公司后台，突然发现自己的客户变成了团队另外一位成员的客户，业绩全部算在对方的头上，但我跟进了这个客户近 2 个月，付出的辛苦全被别人截胡了。

我当时非常生气，准备找那位同事对质，想象了好多大吵一架的画面，最后却怂了下来，只是通过 QQ 问了对方一句："我想问下，

热爱的力量

为什么我的某个客户变成了你的呢?"对方只是淡淡回了一句:"不知道呀,都是领导安排的,你自己问她吧。"

要追问领导的时候,我内心突然紧张了起来,脑海里一直在构思怎么问好。其实领导就在我后座,我好几次想要站起身来去问她,但是腿好像灌了铅一般站不起来,内心扑通扑通跳起来。

最后,我只好自己说服自己:算了吧,下不为例,这次就忍了吧。然后把怒火发泄在 QQ 签名里:"为什么要把我的客户让给别人!!!"

这件事以后,我特别讨厌内向自卑的自己,为什么我不擅长社交?为什么我不擅长表达自己不好的感受?为什么我这么怂?

也许内向自卑的我,不适合做销售,不适合在企业待着吧,于是我筹谋着创业。也许是上天听到了我的声音,我一个校友正准备办公司,邀请我一起创业,承诺要给我股权,年底要给我 10 万分红,2 年后支持我在珠海买套房。我真的毫无保留地相信他,没日没夜地工作,老板是我,策划是我,执行是我,前台咨询也是我。

半年后公司赚钱了,他却告诉我有新股东进来,暂时不能分钱。一年后说要建立奖励机制再分钱,又一年后告诉我做完新项目再分,一拖再拖。但我每次都压住心里的委屈,回答"好的,没关系"。

我觉得对方既然愿意带着我一起创业,就不要计较太多了,踏踏实实做事,总会有分钱的时候。最后事实证明,我太天真了。从公司赚钱到最后项目失利,我没有分到承诺的钱,甚至后期还被拖欠工资。

我没有提出质疑,最后换来的就是对方画的大饼和自己说不出口的委屈。

经历了创业失败,我彻底对自己产生了怀疑,觉得内向自卑的人真的不配拥有成功。

命运就是喜欢跟你开玩笑，给了你无数次重锤之后，才愿意给你糖果，让你尝尝甜头。

当我内向自卑的性格碰撞了无数的南墙之后，突然在一次线下课获得了命运的青睐。

当时，我参加一个线下演讲课，后面成为课程的班长，要督促班里的同学在线上坚持做 21 天的打卡练习。我特别喜欢做的一件事，就是想出各种花式催作业绝招，比如在中秋节的晚上，我发了一张圆圆明月的照片，发了一段文案：你看，今晚的月亮真圆。其实在照片的月亮里，我标注了两个小字"打卡"。

就是这么有趣的催作业方式，让我们打破了一项纪录，我们班成为这门课有史以来第一个全勤打卡的班级。而这个结果被一个在微博上有 200 多万粉丝的博主看见了，他当时找到我，说："从你催作业的方式看，我觉得你特别适合运营社群，你太懂学员的心理了。"后面还给我付了 2 万块钱，让我成为他们社群的顾问。

那个时候我才意识到，原来我的内向自卑并不全是坏处，反而很擅长去感受每个人内心微观的变化，然后设计出社群运营动作，来引导线上用户的行动，这就是内向人的热爱呀！

利用这个机会，我指导这个博主创建了自己的社群运营团队，还搭建了一套自动化运营体系，2000 多人的社群仅仅靠一个全职人员就可以带动起来，并且持续开了 30 多期，它直到现在都还是业内的爆款社群。

也就是这次机会，开始有越来越多百万级粉丝大 V 跟头部企业开始找我来做运营顾问，我先后成为微博有 150 多万粉丝的博主"恶魔奶爸"、微博有 240 多万粉丝的博主"村西边老王"、有 100 多万粉丝的大 V 贺嘉老师的社群顾问，还被邀请成为财商头部平台财籽研

热爱的力量

究院社群顾问、央视报道过的亲子阅读平台广州悠贝社群顾问。

渐渐地，我知道了，**原来内向自卑的人，热爱与别人共情，热爱去观察用户内心的微观变化，而这一份细腻不仅仅能够帮助到别人，还能帮助自己赚到第一桶金**。我的顾问费从 2 万元涨到 20 万元，后来创立了"专业变现俱乐部"，帮助内向型专业人士找到热爱，实现专业变现。

什么帮助了我，我就用来帮助别人。

未来，我希望帮助 10000 个像我一样，在内向自卑里迷失自我的人，找到自己的热爱。

什么帮助了我,我就用来帮助别人。

热爱的力量

如果不是因为热爱，我想我早就放弃了

■ 绮雯

国家公共营养师

国家健康管理师

深耕营养健康行业 15 年

如果不是因为热爱，我想我早就放弃了

我是一名从事营养健康行业 15 年的国家公共营养师，在进入这个行业之前，我的专业是会计，曾经在银行系统工作过 3 年。说到为什么要转行，离开所有人眼中的铁饭碗行业去做一名营养师，就要从 15 年前一场突发的意外说起。

2008 年，父亲的退化性关节炎改变了我的人生轨迹，后来我立志要成为一名帮助 10 万个家庭重获健康、远离痛苦和疾病的营养师。

因为父亲生病，我们跑遍了各大医院，得到的答复是只能吃止痛药保守治疗，没有其他更好的办法。看着父亲每天忍受疼痛的样子，我很痛心，我很想帮他，但我无能为力，哪怕有一丝的希望，我都愿意让我的父亲去尝试，只希望他能早日脱离痛苦。

我们像没头苍蝇一样四处寻医，不知道是否是上天怜悯，在父亲得病几个月后，我生命中的贵人出现了，她告诉我，除了医疗手段的介入，还可以试试营养调理，也许慢一些，但也是一种新的尝试。虽然内心有很多的不确定，但是想到能帮助我的父亲，我还是愿意尝试一下的，万一好了呢？抱着宁可试错也不愿意错过的想法，我们开始了营养疗法。

当我带着我的父亲认真执行营养师给我们的营养方案时，没想到奇迹真的发生了，原本每天疼痛难耐的父亲只能躺在床上，不能下地走路，现在慢慢地能坐起来了，还可以下地走路了，这才让我意识到营养疗法的神奇。

出于好奇的心理，我开始深入学习营养学知识，了解营养学对人的作用。我才知道，原来每个人都是由营养物质组成的，每天吃的饭菜就是给身体提供原料的，可以说没有营养就没有生命，而我们却因为知识的盲区，不知道营养的作用，不知道如何养成健康的生活方

热爱的力量

式,导致身体慢慢产生了疾病。

因为父亲的康复,我看到了身边许多人也需要同样的帮助,所以当时我做了一个大胆的决定,我决定裸辞离开银行,自主创业通过营养疗法帮助更多的人重获健康。得知我的这个想法,首当其冲反对我的是我的家人,他们认为我这个决定实在太不理智了。

毕竟十几年前,营养学在很多人的眼里还是非常陌生的,大家更愿意听取医生的建议,但我还是毅然决然地离开了稳定的银行岗位,一切从零开始。我很清楚这个决定并不是一时冲动的选择,而是深思熟虑后想追求更大人生意义的选择。

创业初期,我度过了大半年最艰难的时光,主动跟人分享被拒绝,家人朋友的不理解,同学同事的躲避,让我屡屡受挫,我曾在很多个夜晚,默默地流泪,也扪心自问:当初的选择是正确的吗?我开始后悔了吗?我的未来在何方?

每一次,无力感让我差点要放弃的时候,来自内心深处的一个声音,都会响起问我:**你当初为什么要这么选择呢?你的初心是什么?** 每一次回答自己的初心时,我的内心无疑多了一份确信和笃定,选择这条路是对的,既然是自己的选择,那又有什么好怀疑的呢?往前走便是了,也许转折就在下一个路口。

——

因为遇到挫折多了,我慢慢地找到了克服挫折的办法,就是扎根深度学习,每一次遇到质疑、困难和挑战,我都静下心来学习,越学习越自信,越自信就越能感受到自己的专业是由内而外散发出来的。 慢慢地,面对客户的各种问题我都能侃侃而谈,大半年后,我终于迎来了我的第一个客户——我的高中同学,她当时因为过敏问题备受困扰,不仅影响了她的生活,还严重影响了她的工作,从刚开始涂抹膏药到后来用激素药物也不能控制,反反复复的过敏,让她怀疑自己是

如果不是因为热爱，我想我早就放弃了

否得了绝症。

一次偶然的相聚，我无意中知道了她的困扰，我跟她说可以试试营养疗法，没想到她一口答应了，就这样我的第一个客户出现了，我认真地指导她的饮食，并给出详细的营养调理方案。在我们的配合下，在一个阳光明媚的午后，她欣喜若狂地打电话给我，说她当天中午不小心吃到了过敏食物，担心会再一次引起过敏，她把激素药都准备好了，结果等了一下午都没事，她感受到自己的身体在慢慢地变好，终于摆脱过敏困扰了。而我也第一次感受到了帮助他人的快乐，那一刻我的内心感到无比的幸福，我开始确信当初选择的路是对的，我一定要坚持走下去。

15年里经历了风风雨雨，除了不断在专业上提升，我也曾遇到过事业的瓶颈期，也曾感到迷茫，面对外面世界的诱惑，我也曾心动过，也想过要不要换个赛道试试。

而在2018年10月8日这一天，我笃定了我要在健康赛道上一直走下去。那一天，对于很多人来说是普通的一天，但对于我来说是人生中永远不会忘记的一天。那天下午4点多，我突然接到了我妈的电话，她紧张地跟我说，刚刚接到警察打来的电话，说爸爸倒在工地上了，现在被救护车送去医院抢救了，至于什么情况还不清楚，她让我立马赶到医院。接到电话时，我整个人是懵的，被吓得六神无主，赶紧手忙脚乱地出发。

赶到医院时，看到昏迷的父亲躺在病床上，身上插满了各种管子，紧张恐惧的氛围在空气中凝聚，我清晰地记得主治医生跟我说了很多父亲的情况，我的父亲是大脑内血管破裂出血，现在血液不断往外渗，大脑内1/3都是积血，导致脑压特别高，如果今晚控制不住，明天就要立马做开颅手术，需要我马上签病危通知书。还有一种最坏

热爱的力量

的打算,就是有可能过不了今晚。当我听到这个消息的时候,我整个人腿都软了。我急切地求助医生,一定要把我父亲抢救过来。

站在冰冷的医院过道上,我祈求上天能再一次听见我的求救,再一次帮帮我,只要父亲能醒过来,我什么都愿意接受,哪怕用我的生命去换取,我也是愿意的。我不能没有爸爸,他是这个世界上最爱我的人。

不知道是否是我的真诚打动了上天,那天凌晨3点多,父亲突然发了一场高烧,他的意识逐渐清醒了,他知道自己躺在医院的病床上,但是半边身体是无法动弹的,看到他醒过来,我流下了激动的泪水,心里默念我爸有救了。

第二天得到了医生的确认,可以不用做开颅手术,但是接下来的康复进度就要看病人自身的情况了。父亲最终被评定为终身残疾,不能再工作,而且有可能衣食住行都需要人照顾。看到医生的评定报告,虽然很严重,但对于我来说,只要他活着,也算是不幸之中的万幸了,我已经心满意足了。接下来的事就交给时间吧。

在医院住了半个多月,原本170多斤的父亲,因为脑出血,瘦得只有130斤,看着消瘦虚弱的他,我心疼不已,暗自下决心一定要好好照顾他,让他慢慢好起来。因为我有10多年的营养学基础,我特意给父亲制定了专属的营养方案,每天用心地照顾他。他就像小孩一样,重新学习吃饭,学习走路,学习说话,而我在父亲身上,慢慢看到了营养修复的力量。眼前这个连喝水都不能正常吞咽的父亲,一天一个变化,哪怕一边吃一边漏嘴,我都为他感到高兴。原本半边身没力的父亲,需要拐杖才能平稳行走,一个月后他脱离了拐杖的辅助可以自行走路。

在营养疗法的帮助下,仅用一个月的时间,他慢慢恢复成了原来的样子,他的康复速度超出了医生的预期,医生很惊讶地问道:"你们在家都做了什么?怎么可能恢复得这么快?"我如实地告知了医生,我们在家除了按时吃药以外,每天还加上了营养疗法的辅助,只是现在的结果,我们也是万万没想到的。陪父亲做完了出院后的第一次复诊,医生看了详细的报告,告诉我们父亲已经完全康复了,可以重新工作。听到医生的回复,我不敢相信听到的一切,这一个月以来我们就像做了一场梦一样,不太真实却又是事实。虽然从事营养健康行业10年了,服务过2000多名客户,也积累了大量的营养疗法的经验,但对于我父亲的病情,我从未想过会有如此快的结果,我也不确定他是否能恢复成原来的样子,而医生告诉我们的那一刻,我内心真的充满了喜悦和感动,我的父亲康复了,我们的战斗成功了!心里一直悬着的大石彻底可以放下了。那一刻,我无比激动,我们兴奋得像孩子拿着满分的成绩单一样走出了医院。

营养学对于很多人来说是陌生的,甚至是可有可无的,而它却在生命的每时每刻都起到非常重要的作用。我的父亲两次得救也是因为营养学起到了关键作用,这让我再一次确信自己未来要走的路。**我要像传福音一样把营养学分享给更多有需要的人,让他们远离疾病和痛苦**。传播营养观念对于我来说,已经不仅仅是一份事业,而是我生命中必不可少的使命!我要帮助更多人热爱生命并享受健康的人生!

营养学对于很多人来说是陌生的,甚至是可有可无的,而它却在生命的每时每刻都起到非常重要的作用。

热爱的力量

如果前路注定坎坷，我愿怀着热爱奔跑

■ 晚柠

助力学生半年提分 180＋的高级学习力指导师
服务超过 2500 个家庭的国家二级心理咨询师
毕业于北京大学

热爱的力量

大家好,我是晚柠,一名十多年来一直关注学生心理健康和学习方法的咨询师。

晚柠,是我的笔名,取"珍惜时光努力,付出永不为晚"之意。在我看来,即使年龄日益增长,也并不会阻碍每个人抱有梦想、努力付出的决心和行动;即使青春已逝,也并不代表我们不能做成一番事业。很多时候,尽管前路荆棘丛生,但只要依然拥有热爱,照样可以做一个向前奔跑的人。

我曾在北京一家三甲医院工作了十几年,程式化的管理模式和复杂的人际关系,让我陷入了很深的情绪内耗。记得那时,先生经常出差,父母身体不好,孩子年幼,无人照顾,工作又需要时常倒班且高度专注……无数的外力撕扯着我的精力,使我分身乏术,我试图改变现状,却处处碰壁,根本无法平衡事业与家庭。

我很想转型,不愿继续沉沦在迷茫无助的生活中,但又无能为力,种种批判、质疑和突如其来的事件裹挟着我往前走,我看不到自己的未来,对发展更是不敢想象,仿佛自己陷进了泥沼,一切变得失去控制,没有目标。

很多人不理解,劝我再忍几年,虽说有些事情不如意,但也算是不错的生活,何必要跟自己较劲?将来孩子长大,女人的任务也就完成了,不就会轻松很多?

真的会轻松吗?

难道我的一生,就是以养大孩子为终极目标?

如果时间可以倒流,我将如何选择?

我想了很久,却没有答案,直到后来一个偶然的机会,我去北京师范大学参加培训,站在辅仁校区的门口,忽然回想起十多年前的往事,心里才逐渐坚定下来。

那是高考之前,青涩的梦就像一把火,烧开了我心头的小炉子,各种想法咕嘟咕嘟地往外冒:我想参军,成为一名女飞行员,开战斗机;我想成为一名演员,体验各种人生境遇;我想当战地记者,记录无情的战争和脆弱的生命;我想研究心理,参透众人行为背后的逻辑。

为此,我极尽所能,每天放了学,都会沿着二环路跑上五公里练体能;我求爸爸托关系找专业老师,教我表演的知识和技巧;我攒下好几个月的零花钱,斥巨资购买了一系列关于战争和武器的书籍;复习结束后,我躲在被窝里,拿着手电看心理大师的成长故事。我不知道这样做会有什么结果,只是凭着纯粹的热爱,憧憬着自己的未来。

但当梦想的一角最终被拉进现实的时候,我收到了所有人的反对。父母带着对职业的偏见及固执的经验论和我谈了很久,告诉我这样的想法不切实际,类似的工作没有前途,比起那些专业,学医或学金融更有出路。

记得当时过了很久,我才努力挤出一句:"恐怕不行。"而后引来的便是无尽的讲道理、冲突和争吵。此前,我也想过一定要坚持己见,觉得这种争论总会发生,总会有结果,然而当我真正处于争吵中时,厌烦和委屈总是多于其他。

后来,我选择了妥协。**理性归理性,但并不代表交出选择权的瞬间不会感到难过,无奈和无解把我拖进沼泽越陷越深。**

当年的遗憾再次浮现在眼前,而当下,又是一次面临抉择的机会。我暗下决心:这一次,我不想放弃。于是,三十四岁那年,我顶着无数人的质疑和反对,放弃了一个又一个陪孩子的周末,正式开始学习心理学。三年里,我不仅学完了基础课程,以及精神分析、萨提

热爱的力量

亚家庭治疗、催眠等一线流派的应用实践，还确定了自己热衷的研究领域——学习能力和学业规划，最终成功转型成为一名心理咨询师和高级学业策略规划师。

现在回想起来，热爱犹如火种，即便有时未能如你所愿，但换一个时间、换一处场景，迟早会让你重燃热情。

接下来的日子，我的主攻方向是儿童青少年心理健康和学习力提升。在服务的两千多个家庭中，我发现90%的话题都离不开孩子的学业发展。同时，我也发现，父母正在衍生出一种更为隐秘的情绪，即非常害怕和孩子谈学习。一方面，他们担心情绪起伏，出现不好的结果，同时也怕事与愿违，揭示自己教育的失败，于是只好假装岁月静好，什么都没有发生；另一方面，他们又强忍着焦虑和委屈，很想为孩子提供全套避坑指南，因为那曾是他们自身的遗憾。在多年的咨询中，有这样一个故事令我至今记忆犹新。

她是一个高二的女生，坐在我面前的时候，已经辍学三个多月了。她父母既着急又害怕，用了各种办法，希望女儿返校复课，可是怎么说都没用。最严重的一次，女孩情绪激动，居然用文具刀比划着，声称再逼她，就死给父母看。

我很好奇女孩情绪背后的原因究竟是什么，终于在几次沟通后，她坦白了真相。原本活泼开朗、热爱运动的她，曾是校篮球队的主力队员，希望将来报考警校，成为一名技术警察。然而她的理科成绩并不理想，物理、化学一直处于中等偏下水平，没有太多竞争优势，况且警校给女生的名额更是少得可怜。父母觉得，以孩子目前的成绩，考警校简直是天方夜谭。再说，无论是刑警还是技侦，摸爬滚打的辛苦训练自不必说，参加工作后更是作息时间不固定，爹妈还要跟着担惊受怕，不如考个公费师范生，将来毕业当个老师，待遇有保障，还有寒暑假。

她父亲曾劝她说，如果不想当主科老师，可以选择信息、体育这样的学科，既没有太大的升学压力，又能满足她对专业的向往，甚至托了好几层关系，帮女儿早早地铺垫各种人脉，指望孩子一毕业就有个稳定的着落。然而，父母越是费心设计，孩子越是自感无力。她说多年来，虽然自己成绩不好，但依旧努力学习、坚持锻炼的原因，就是心里有个梦想：想当警察。但是，这一切都在父母的否定中破碎和瓦解了。从那以后，女孩的眼里便失去了光，情绪也变得越来越低落，觉得干什么都没意思。

我结合孩子的测评结果和访谈，帮她理清了专业兴趣和学科能力，当她看到自己有更多的可能性的时候，忽然红了眼眶，哽咽地问："老师，知道自己的兴趣和能力又有什么用？达不成心愿，还不是更痛苦？"

我由衷地理解孩子的心情，因为原来的自己也曾经历类似的挣扎，而最终的放弃让我充满了无尽的遗憾和无奈。于是我提议，带着她和她父母谈一谈，看看能否争取哪怕一丁点的理解和支持。

访谈的过程并没有想象中艰辛，此时她的父母也不再像开始时那么固执，他们愿意尊重孩子的选择。而接下来的困难在于，孩子原本的理科成绩就属于中等偏下，再加上休学了三个多月，更是落下了不少课程，想在短期内提升成绩，几乎是不可能的。

这再次激起了父母的焦虑情绪，他们不知道如何帮助女儿，只能不停地叮嘱："勤能补拙！既然你想挑战自己，那就得下苦功夫，一定要努力！"

不说还好，这一通道理说完后，女孩的情绪再次崩溃，窝在沙发里痛哭不止。原来孩子之前一直很用功，但不管怎样学，成绩就是上

热爱的力量

不去，父母看在眼里，也只能干着急，想帮忙又不知怎么办。

我连忙问孩子父亲："当初您是不是觉得女儿在理科上不具天赋，才否定了孩子的理想？"妈妈着急地接话："他爸一直觉得闺女不是学理科的料。"父亲瞬间脸红。

我向父母解释，很多家长都有类似的想法，但事实并非如此。正如常言道："以大多数人努力程度之低，根本没有到拼天赋的地步。"没想到，爸爸一时又有了话题，继续以教育的口吻对孩子说："听到没？学习就是你自己的事，既然天赋没么重要，你就得自己想办法！"

我反问："您有什么更好的办法吗？"父亲听完，竟无语凝噎，愣在那里，而我在余光中看到了女孩微颤的嘴角和潮红的眼睛。没错，学习是孩子自己的事，但前提是她要先找对方向、掌握方法。没有好的老师带领她提升学习能力，养成良好习惯，再怎么付出，也只会离目标越来越远。

后来，女孩在我的辅导下，惊讶地发现以前看似由于粗心导致的错误，并非只是简单的马虎，而是源于信息抓取能力相对薄弱；曾经掌握不牢固的知识点，也并非因为不努力，而在于缺乏有效的记忆训练。

通过对错题的分析，女孩很多薄弱的底层能力被一一发现，很多从没意识到的错误学习习惯被逐个纠正，女孩忍不住感叹："原来试卷分析并非我想的那么简单，难怪之前刷了很多题，还是会错呢，现在的效率实在是太高了！"

就这样，半年后，女孩不仅物理成绩由最初的 60 多分提升到 90 分以上，其他科目也都有了不同程度的进步。最让她妈妈难以置信的是，曾经她闺女最怵的英文单词，现在一小时居然能背 300 多个，期末考试排名一跃进了班级前三。今年的高考,孩子更是以648分的优异成绩,考入了理想的警院。

这一路走来,我清楚地记得她每次提交的学科复盘笔记,记得她第一次周测满分时的害羞和满意,记得她深夜解题成功后发的朋友圈,记得她拿到录取通知书的那一刻激动的语音消息。

热爱,是一种无畏的力量,它能够激发我们内心最深处的激情和动力,让我们勇敢地追求自己的梦想和目标。无论面对什么样的挑战和困难,只要我们对自己的热爱充满信心,就能够超越自我,创造属于自己的精彩。

无论面对什么样的挑战和困难，只要我们对自己的热爱充满信心，就能够超越自我，创造属于自己的精彩。

热爱的力量

心之所愿，行之必成

■ 小青

曾就职央企总部战略发展部
彩钻人生创始人
逆龄抗衰中心合伙人

热爱的力量

我从小生活在内蒙古阴山山脉的一部分——大青山脚下。山脚下有个姐妹俩开办的幼儿园,据说姐姐上过师范学校,大人们就很信任地把孩子送到这里来。我小时候就在这上的幼儿园。姐妹俩非常温柔包容,很少指责我们,更没有打骂过我们,她们喜欢带我们学习,也喜欢带我们玩。我们会在教室里读书,比谁的嗓门大;会在院子里荡秋千,比谁荡得高;会抱着满地摔跤,比谁的力气大。老师还会领着我们上山玩,山上有战争时期留下来的铁丝网、错综复杂的地道、曲折蜿蜒的战壕。大青山蒙汉游击队前辈英勇抗敌的故事,我们别提多崇拜了。山上还有绿树红花,一望无际的蓝天白云,"苍茫的天涯是我的爱,绵绵的青山脚下花正开",《最炫民族风》里唱的就是这种感觉了。山上的姑娘果长着两片像灯笼的叶子,保护着干净的果实,简直就是给我们备好的不用洗手就能吃的又解渴又解饿的最佳食物。看着连绵不绝的山脉,自然就会知道山外有山,我喜欢这个大游乐场,也向往更大的世界。

到了上小学的年纪,爸爸觉得我这个成天上山玩的野孩子可得好好学习了,就搬家到了市区,我去那里上小学了。我来不及跟小伙伴和我亲爱的老师一一道别,就搬走了,我特别想念我的老师,以至于在小学校园里见到身材轻盈、长发飘飘的女老师的背影,就忍不住追上前去握住她的手,惊喜地问:"老师你知道我来这里了,你来看我的吗?"老师回过头来惊讶地朝我微笑,我才知道是我认错人了。**我曾经很生气,为什么每个美好的老师,就像路灯,只能照亮我们一段路,却不能跟随我们一路前行。后来明白当然是因为他们还要留在原地去照亮我们之后的人,所幸前方还有接力照亮我们的人。**再长大一些,我觉得好的老师确实像天空中最美丽的星星,当你回望的时候,他们永远在远方闪耀,让你不会迷失方向。这些星星如此美丽,让我也想成为它们中的一颗。童年的这些经历或许就是我后来成为人生教练的伏笔。

上小学时，我出了一场比较危险的车祸，幸亏送医及时，医生说我至少得住院3个月，这么久不上学，估计考试也跟不上，得留级，让我和父母做好思想准备。我才不想小学就留级呢！我还想好好玩呢！但是身负重伤的我躺在床上不能左右翻身，只能直挺挺地躺着，动弹不得。禅修让人保持长时间静坐不动，专注内在，升起觉知，这非常挑战意志力，但是如果人因为身负重伤无法动弹，就可以直接越过意志力的挑战，因为反正你想动也动不了，被迫跳级进入关注内在、升起觉知的阶段，这样可能更有利于身体康复。一个月后，医生惊讶地发现我恢复很快，于是说我可以出院回家静养了，在家静养时，家人并没有要求我用功学习，必须通过考试，反而劝我多休息，我也顺其自然，想学就学，想睡就睡。期末考试时，我的数学竟然考了全班第一，别的科目也都通过了考试，我顺利升级。这个经历给了我启发：人在不与他人比较时，更容易发挥出自己的潜力。

因为这次住院，我有了个再简单不过的心得：人真的是会死的，我得珍惜活着的时候，我得照着我的心意活，我必须忠实于我的心。因此，**当我后来遇到很多困难和挑战时，我的选择标准都是遵从自己的心意。**

因为贪玩和叛逆，我的高考成绩不如意。我浪子回头，扪心自问：你是想凑合随便上个大学，还是考到你向往的北京上很好的大学？家长和老师觉得能上线也算不错了，可以将就一下，他们担心地问我，如果我复读了，没考好，甚至更差怎么办？复读也没考好是可能性之一，但如果不复读，就没有实现愿望的可能性。我坚决地写下"拒不服从分配"，选择复读。

热爱的力量

复读这一年发生了很多意外的事情,比我想象的难得多,但我谨记这是我忠于内心的选择,不要有怨言,终于我如愿考到北京理想的大学。

毕业后进入央企,这里高手如云,我已经考过工作上的职称了,我是否还要去读名校的研究生?我选择去,因为我不想"少壮不努力,老大徒伤悲"。

在工作上已经有一定基础了,我是在光鲜亮丽的央企里一成不变地工作到老,还是去外面的世界探索一下更多的可能性?我选择出去,因为我热爱探索和践行生命的可能性。

再去学习,是去学习很实用的技能,还是去学习怎样幸福这种看起来很空的事情?我选择学习怎样获得幸福,因为我见过太多人拥有我曾以为拥有了就会幸福的东西,可他们却抱怨自己不幸福。

经过我的学习和实践,我发现很多人不幸福是因为他们没有倾听自己的心声,或者是听到了没有去做。而听见心声这件事,与人的学历相关性不大,与如何觉察关系最大,因此教练式对话是一种特别合适的方式。我将这个领悟运用到我的教练中,发现效果神奇而高效。曾经有个年轻女孩被家人催促回老家订婚,这段不满意的恋情她久拖不决,可是周围人怎么劝她分,她都说对方如何好,不能分。我只问了两个问题,就让她看到自己真实的心意是不想和这个人结婚,到了第三个问题,她就决定分手了,全程不到半个小时。还有一位高级政府官员,对女婿不是很满意,出于对女儿幸福的考虑,她希望二人离婚,这个想法在她心里已有一两年之久。我与她促膝长谈3小时,没有给出任何建议,最终她自己领悟到那是孩子们的事情,她决定不再干涉。神奇的是,在她放手之后,她不满意的地方开始向着她满意的方向发展,离婚也变成根本没有必要的事。在我做教练的几年中,发生过各种感动而神奇的事情，教练的魅力让我为之着迷。我还发现，每个人的内在智慧和潜能像钻石般宝贵，每个人都有自己独特的魅力，因此"彩钻人生"这个品牌在我心里诞生了。我的愿望是助力大家挖掘自己的智慧和潜能，活出独具魅力的精彩人生。

后来我接触了辟谷，是因为没怎么听说过、不了解它，就说它是胡扯，还是抱着客观中立的态度试一试？我选择试一试，因为我想要知道结果会是怎样。我坚持了49天（不吃日常食物，只吃特定的辟谷餐），这不是我规定的坚持目标，而是我跟身体说，你想继续就继续，你想停止就可以叫停。49天是顺应身体的自然。结果是我体重减了8斤，别人却说我看起来像减了15斤，因为我的身体从虚胖变紧实了，看起来小了一号，而且由于身体内部变干净，我的皮肤变白了，从里到外透亮了。我亲身验证了它对身体是有好处的。我们应当爱护我们的身体。肉身，像一张小小的门票，成为我能够进入这人间剧场的凭证，无论我想要当台上的主角、配角，还是台下的观众，我都需要保护好它。肉身，像一艘小小的船，经过人生的长河，从此岸渡向彼岸，沿途我需要多多采撷心灵喜欢的珍宝。有朝一日，登岸离船，只有心灵的珍宝才属于我。为了让这小船能行驶得久些，采撷到更多心灵的珍宝，我也成为逆龄抗衰中心的合伙人。

佛法难闻今已闻，中土难生今已生，人身难得今已得，此生不向今生渡，更待何生渡此身？

我没有宗教信仰，我理解的佛法，一是外在客观世界的普遍真理，二是每个人内在主观世界的真理、价值观，就是什么对我们个人而言是真实的、有意义的。真正的热爱，就是主观世界的真理、价值观，就是心的声音。这一生不去听从心的声音，付诸行动，实现心愿，还要等到哪一生再去完成呢？

热爱的力量

怎么活都有代价。为了热爱而活,需要付出很多,不被他人理解和支持的孤独,长期的勇气,长期的坚持,长久的热爱,长久的乐观。不为热爱而活也需要付出很多,愤怒、犹豫、怀疑、后悔、遗憾、内耗、自责或者麻木,像行尸走肉。

听见心声靠觉察,付诸行动靠热爱生命,靠自我负责。

有句很美的歌词:"可能一切的可能相信才有可能,可能拥有过梦想才能叫作青春。"我想再加上一句:"生命是一场关于你是否真的热爱它的实验,可能活在自己的热爱里才能叫作生命。"

心之所愿,行之必成。我愿助力大家找到热爱、找到心愿,助力大家身心健康、身体力行,助力大家活出独具魅力、如钻石般闪耀的人生!

生命是一场关于你是否真的热爱它的实验,可能活在自己的热爱里才能叫作生命。

热爱的力量

因为专业和热爱,我想帮10万中小企业依法纳税、合规节税

■ 杨君

财税老板
服务过5000家企业客户

因为专业和热爱，我想帮10万中小企业依法纳税、合规节税

1989年，我出生在四川巴中的一个偏远农村，那个时候家里很穷，爸爸妈妈去海南打工，我跟妹妹和爷爷奶奶一起生活。15岁参加中考，没有考到理想的高中，放弃普通高中，选择去德阳上了一所中专，当时因为我叔叔从事财税代理行业，就建议我学了财务会计专业。在上学期间我考取了电算化会计资格证、会计资格证书，那个时候我自知学历不高，技能也不强，所以在暑假，我学办公软件考取了高级办公文秘。

2006年12月25日毕业离校的时候，我没有回老家，而是直接从学校坐40多个小时长途汽车来到深圳，到深圳已经是凌晨1点了。记得当时一个人在候车室坐到天亮，也不敢睡觉，当时就一个想法，我要在这个城市留下来。

刚毕业的几年，成长比较快，我有不认输的性格，学习专业知识、考职称、考大专文凭，接着考本科文凭，一路向前，从一个月工资800元，到年入100万元，随着工作年限和阅历的增加，我得到了很多客户的认可，实现了当时来深圳的梦想，买了车买了房，落户深圳。

刚开始参加工作的时候，从最简单的整理资料、贴发票开始，到后面做账报税，领导安排我做什么，我都会照着做，一直到后来，别人不愿意干的活，我都会接过来。那个夏天，我提着资料见客户，为了省车费，靠走路去，在36℃的高温下，晒得特别黑。

2010年，有个客户被税务稽查，那个时候每次从坂田坐公交去龙岗都要1个小时左右，客户的公司成立年限跟我的年龄差不多，专管员来回让找资料、写说明，一直到后面，负责这个案件的专管员说："杨君，你是我做了20多年见过最小的会计，也是很用心和责任感很强的女生。"这件事情虽然来回跑了10多次，客户最后也被罚

热爱的力量

款,但因为帮客户争取到最低的罚款和处罚,客户很感激,我突然觉得原来我也可以用自己的专业能力帮助客户,也能很好地配合税务局管理员完成协查任务。

我们公司最开始只服务 3—5 年以上的成长型企业,直到金税三期以后,我发现初创团队的税务意识更差,更需要我们,因为前期不重视税务,留下的隐患更多,一旦查税,几年的利润都要连本带利全部交回去,还会变成最低等级的 D 类纳税人,严重影响公司后期运营,很多老板不得不注销公司。

每处理一次税务稽查的案件,我都很心痛,看到了企业老板的无助和心力憔悴,他们跟我说以后每年少赚点钱,也要合理、合法、合规纳税。也是因为处理案件时被这些老板当时的无助影响,更加坚定了我的初心——**帮 10 万中小企业依法纳税,合规节税,健康可持续发展**!

在服务中小创业型企业的过程中,我发现中小企业老板都有以下几个错误认知:

①想交税,但不知道怎么合规交税,认为合规成本高;

②认为公司是自己的,钱和账都是自己的,公账和私账混乱;

③认为企业很多,查账肯定查不到自己头上;

④认为财务不重要,只重视业务和现金流。

我想对中小企业创业者说,**如果你当时创业的初心是要长期发展,把企业做强做大,那么你一定要优先考虑税收**。下面 2 个真实的故事,你一定要看到最后,因为他们遇到过的问题,可能是你现在正在经历的。

我有一个服务业的客户,他是不懂税的,这个客户也是朋友转介绍过来的。当时,他找到我的时候特别着急,他说他在 2022 年的时候已经被查过一次税了，被稽查时被罚了 100 万元，如果这一次被查有问题的话，他可能会倾家荡产，会赔到他创业 15 年赚的钱全部交完，到时候他就什么都没有了。

他跟我说这个话的时候特别心痛，然后他说："杨君，你看我现在真的是老了很多，其实我年纪没那么大，我还不到 50 岁呢。"那时候我觉得他真的很焦虑，也真的是害怕了。

其实他找到我的时候，我也去了解了他的一些情况，因为这次税务局要查他 2020 年到 2022 年的税，我帮他梳理了这 3 年的账，有 2000 万虚开普通发票，光企业所得税就需要交 500 万，再加上个税的话，需要交 1000 万，还不算罚款和滞纳金。老板当时就傻眼了，说现在没有这么多钱，让我一定要想办法帮他。

我花了差不多一个多月帮他梳理了前面几年的账务，后面补交了 30 万的税，其实如果他们提前规范纳税，是不会有这个风险的。

上面这个案例中的企业税负太高了，每年会有几百万元的成本票的空缺，那他们当时是怎么处理的？他们找人去虚开发票，每年差不多得开五六百万元的发票，然后几年的话就得开 1000 多万、2000 万的发票，最后这些开票公司开完一堆发票，不注销，也不报税，金税四期上线，大数据找不到虚开公司，就只能找到实际收票的公司来补税。如果你也缺成本发票，如果你的税负很高，你千万不能去外面虚开发票，一定要找专业的财税顾问帮你提前从你的业务角度去做税务规划，**其实国家有很多政策，你只要用对政策，你的税是不用那么高的，应该交的税一定要交。**

我有一个做电商的客户，以前一门心思都在业务上，没有找专业财税管理财务。2021 年底，该客户被税务要求自查，她通过同学找到我，当天下午天还下着大雨，她问我有没有空，需要当面找我咨

热爱的力量

询,我通过电话感受到她的无奈和着急,就约她来公司,大致听她讲了一下情况,她是做国内电商的,隐瞒收入,需要自查。

第二天我就陪同她一起去税务局找了管理员,去的路上,她一直说:"杨君,我好害怕,等一下你去说哈。"我一直跟她讲:"没事的,我们需要配合管理员来处理这件事情,你不要怕,先不要回答,就说我先回去看看。"专管员说:"按照账面反推,你们的营业收入最少过亿,但是账面每年申报才不到500万元的营收,光这一部分就需要补交税款500万左右。"

她说前几年确实生意很好,也赚了些钱,疫情来了以后,基本亏完了,现在还有很多负债,她很后悔,早知道就学习一点财务知识。我跟她说没有那么多如果,事情发生了,现在就要解决问题,我帮她做了2019年、2020年、2021年3年的账务梳理,写了自查报告,教她怎么跟专管员沟通,她当时真的在税务局哭了好几次,我陪她总共跑了3次税务局,她自己最少应该跑了十几趟,最后我们会计主管还陪她跑了2次,才把这个事情解决。补税款加滞纳金花了50万,现在每次看到我,她都说我跟她是一起打过仗的,对税务也有了敬畏之心。

只有税务规范,企业才能长久。

从业16年,我越来越热爱财税服务这个行业。**因为热爱的力量,让我有了初心:帮10万中小企业依法纳税,合规节税,健康可持续地发展!也是因为热爱,我意识到还有很多中小企业老板和创业者都需要我的帮助**。我希望中小企业老板都能重视税务,重视财务,合规经营,不要等到事后再后悔当初。

只有税务规范,企业才能长久。

热爱的力量

解散了营业额 8000 万的创业公司，我活成了自己想要的样子

■ 一朵

心创赋平台创始人

私域营销顾问

创业者修心教练

罗曼·罗兰说:"有些人20岁就死了,等到80岁才被埋葬。"如果没有产后抑郁的那段经历,我也不会理解这句话的意思。

2007年9月,我孤身一人怀揣960元来到北京。那时,我跟2个好朋友一起挤在西四环的一个小平房里,冬天生煤炉、上厕所要走10分钟的那种。

小时候,我最大的梦想就是在北京定居,成为北京人。可当我真的到了北京,我反而不敢想了,因为我真真切切地感受到了那种近在咫尺的遥远。

不敢有梦想,有的只是脚踏实地的努力。我最开始在一家出境旅行定制公司做旅行顾问。

那段时间,每天早7晚10,周末公司有事儿,就要随时过去加班,晚上加班到10点多、11点多,再坐公交回家是常事儿。

记得有一次太累了,在公交车上想动却怎么也动不了,歇了好久才缓过来,把公交司机都吓坏了。

工作第3年,我被提拔为部门经理,收入开始提升,有了存款。再到后来,我被邀请到一家国企负责整个欧洲部,收入又有了提升。

2013年,我赚到人生的第1个100万,在北京付首付买了房子。同年,跟我的合伙人开始创业。

2014年之前,是我个人奋斗的阶段;2014年开始,是我创业的阶段。

没有创业之前,我和很多人一样,觉得创业是一件很简单的事,但是创业之后,我发现这真不是人干的事儿。

除睡觉之外的所有时间,我全部都交给了创业公司。结婚的时候,我已经31岁了,家人都催着要宝宝,可是我身体素质很差,想

热爱的力量

要好好调理调理再要,可就是去医院看医生调理的时间,我都抽不出来。

创业,除了夺走我所有的时间之外,还给了我非常大的压力。不像给别人打工,你只需要有某一项或者某几项能力,就可以有不错的收入,创业需要你十项全能。

创业是一面放大镜,你的短板会被无限放大,而你的短板也会制约公司发展。

可是,很少有人是十项全能,我们也是第一次创业,都是摸着石头过河,那时候每天都有新的难题出现,每天都有解决不完的难题。那时候,真的好想有一个人带带我、教教我创业。

我们每天都生活在高压的状态下,但是,我们抓住了机会,让公司突出重围,成为细分领域的头部。

那是 2016 年,国内某头部旅行平台要开展定制旅行业务,我们作为供应商提供支持。对于传统的旅行行业从业者来说,这是新事物,跟过去的玩法不一样。

平台大,要求也很多,很多同行开始有很多抱怨,不愿意做这块业务。而我意识到,这对我们来说是非常好的机会,必须抓住,于是我很快和合伙人达成一致意见,要好好抓住这次机会。

就这样,我们快速做好了准备,抓住了这个机会。2017 年,平台业务爆发,我们也顺势而起,一跃成为国内 Top1 旅行平台,欧洲区域排名第一的供应商。

这次起飞,给我们带来了名和利。因为头部效应,排名二三的平台迅速找到我们,邀请我们入驻。同时,这一年,我们的营业额也突破了 8000 万。

也是这一年的 11 月 21 日,我的女儿出生了。整个孕期我吐得昏天暗地，直到生前的一个星期，我才开始休息，但也没闲着，把整个家大扫除了一遍，准备迎接我女儿的到来。

我成了朋友们羡慕的对象。老公是北京本地人，不用担心孩子上学户口的问题，我有自己的房子，老公家也有房子。我老公在外企工作，收入不错，我有自己的创业公司，做得也算风生水起。我小时候的梦想都已经实现了。

我应该很快乐才对，可我为什么一点也不快乐呢？甚至，我还抑郁了！

2017年，生完女儿之后，我就患上了产后抑郁，曾经三天三夜没合眼。

每天在恐惧与绝望中度过，就像一个人闯入了黑暗森林，没有人可以求助，没有人可以依靠，也看不到一点光明，毫无希望地在一片恐惧的暗夜里挣扎。

我一度以为我就要死了，可是我的女儿还那么小，我一天自己想要的日子都没过过，我的前半生都在为钱奔波，但那并不是我想要的人生。

也是从那个时候起，我开始思考人生的意义。

人生短短几十年，我来这一遭，不是来给金钱打工的，我是为了活出自己想要的样子的。于是那段时间，只要状态好，我就开始想接下来的人生我要怎么过。

我首先想的是我要做一份什么样的事业。因为，一天只有24小时，除了睡觉的8小时，只剩下16小时。

如果一份工作让自己很痛苦煎熬，那么每天工作10—12小时，都是不快乐的。而剩下的4—6小时，要用来修复我们工作时造成的精神和身体上的痛苦，每天如此，相当于整个人生都在痛苦中度过。

热爱的力量

如果做一份自己喜欢的工作,那么这 10—12 小时就都是愉悦的,可以为我们赋能而不是消耗。而剩下的 4—6 小时,我们也不用修复工作中的消耗,可以有心力和体力去享受人生,去做自己喜欢的事情,去高质量地陪伴家人,完成自己的梦想。

这样的人生多美好呀!而我之前做的工作是不可能帮我达成这些目标的。所以我必须重新开启一份事业,这份事业要满足以下条件:

①**是我喜欢,甚至是我热爱的,**因为热爱会提供源源不断的驱动力,让我克服困难,让我受到滋养;

②**有价值,**这份工作不能只满足我赚钱的需求,还要让我觉得有价值;

③**时间相对自由,**当然可以 996,但我希望它是相对灵活的,让我有时间去做一些除工作之外我喜欢的事儿,比如读书、跳舞、看世界、陪家人。

当我想清楚这件事之后,我就开始探索。2020 年,我解散了创业公司,开始全面探索实践。

我学习了生涯规划,认证了盖洛普全球优势教练、学习了叙事心理学、商业教练,接触道家、佛学、冥想、修行……一边学习,一边实践,一边完成自我整合。到现在,我可以非常笃定地说我活成了自己想要的样子。

现在的我,做着自己热爱的事业,自己喜欢又能帮助到别人,让我很有价值感。

创业同时,我也做到了匀出一些时间,陪我的女儿和先生去看世界。这几年旅居了杭州、苏州、无锡、成都、秦皇岛、川西等很多地方,将来我们还会去更多地方,看更大的世界。

现在的我,正在赋能创业者这个群体,尤其是女性创业者。

助力她们找到自己。只有找到自己，做符合自己价值观的事情，才能自我满足，活出自己，而这是一切力量的源泉，也是打造IP的基础。

助力她们选创业项目。我上一段创业经历之所以那么痛苦，还抑郁了，跟做了不适合自己的事情有很大关系，而现在很多人创业，选项目都很随意，结果要么是血本无归，要么是即便赚到钱了也很痛苦。

助力她们跑通商业闭环。第二次创业，我发现很多人花了不少钱，几年下来，也没拿到什么结果，根本原因在于没有跑通自己的变现闭环，无闭环，无结果。

助力她们提升心力。心力不提升，创业过程中的一点点困难都会把自己压垮，而创业过程中，需要面对很多困难，非常考验一个人的心力。

因为自己淋过雨，所以想给别人撑把伞。

线下＋线上创业，10年时间，我积累了大量经验，同时，在心理学、人性、商业上的大量学习和实践，让我对创业者怎样选项目、打造IP、跑通商业闭环、提升心力，都有了完整的认识，形成了一套自己的体系。

我用这套体系赋能了很多创业者，其中有健身行业的女总裁、有淘宝店女老板、有前上市公司女高管、有清华大学毕业的保险人、有家庭教育老师、有心理咨询师、有三甲医院的中医、有几百人团队的团队负责人……

有的在我的助力下，走出了抑郁状态；有的跑通了商业闭环，一个月内业绩就翻了3倍；有的提升了心力，原来年入百万都不敢想，现在年入千万都特别有信心。

能帮助到他们，我特别开心，特别有价值感。

抑郁期间，我一度特别憎恨上一段创业经历，我觉得是创业这个过程让我抑郁。我也以为我不适合创业，没有能力创业。

现在我发现，创业本身没有错，也不是我不适合、没有能力创业，而是我不懂方法。**做热爱的事情，只要选对了项目，提升了心力，又打通了商业闭环，创业不但不是负担，还是很快乐的一件事。**

抑郁期间，我想要的生活，现在全部实现了，并且我拥有了享受当下的能力，我不再觉得只有达成什么目标才会快乐，我当下就很快乐。

我经常不由自主地对自己说，我真的活成了自己想要的样子，每一天过的都是自己想要的生活，我真的特别感恩，也特别珍惜。

自此，我许下一个心愿，用那些曾经拯救过我的东西，去拯救更多人。助力更多创业者或准创业者，科学创业，活出自己想要的样子，所以我搭建了一个创业赋能平台。

在这里，你可以学习创业知识，学习如何找到自己的热爱/使命，如何选项目，如何跑通商业闭环，如何提升心力……

在这里，有10个以上的创业项目可以分享给你，你可以选择适合自己的项目，快速起盘。

在这里，你可以选择适合自己的项目，跟平台一起创业。

赋能更多人，创业更幸福，增长更简单，这是我的使命，也是我的热爱。

科学创业，每一分每一秒都是滋养，希望你也可以。

赋能更多人，创业更幸福，增长更简单，这是我的使命，也是我的热爱。

热爱的力量

从负债百万的职场人到千万投资人,我的十年创业路

■ 游侠

独立投资人
私人财富顾问
CFA 金融分析师

你好，我是游侠，10年金融行业创业者，独立投资人。

过去的十余年，从职场人到创业者，我做过程序员，开过教育学校，也扎根在海外电商、投资理财领域。经历过一夜亏损百万的痛，也尝过年赚千万的甜。

2022年，我做起了投资教育，影响了1000多人投资理财。在这个过程中，我把投资胜率提升到了80%，帮助用户多赚了300多万元。

从程序员到海外金融，从海外金融到投资人，从独立投资到投资教育，10年，经过3次转换，写下这篇文章，送给每一个想要寻找财富机会、突破投资瓶颈、跨越投资迷茫期的你。

花3分钟看完这篇文章，也许你会打开一个全新的世界，文末我还为你准备了一份超级惊喜。

初入茅庐的两次投机，让我负债近300万元

2009年的夏天，我找到了毕业后的第一份工作：当程序员。

刚入职场时，从小内向的我，不社交，不参加公司活动。每天钻进工作里，业余时间几乎全用来埋头学习，研究技术。

很快，我就考取了国家项目经理职业资格、国际项目管理师，从程序员一路升职到高级项目经理。而后，去了中信集团新成立的互联网金融公司，两年时间帮助公司业务从零开始，做到年过亿规模。

就在即将晋升为公司合伙人的时候，不甘于财富现状的我，玩起了比特币。我开始疯狂炒币，赚一笔投一笔，钱越赚越多，胆子越来越大。

然而，命运却和我开了个巨大的玩笑。

热爱的力量

当我沉浸在赚快钱的兴奋里,杠杆越加越大,以为就此走上财富自由的道路时,2017 年 9 月,政策出台了打压虚拟货币的政策。一夜间,我亏损了 180 万。所有的积蓄打了水漂,我背上了沉重的债务。

身边人都劝我:"别折腾了,好好安稳工作吧。"但赚过快钱后,怎能回到从前?我不甘心。

我四处寻找办法,想用最快的速度,赚回亏损的钱。一个偶然的机会,听说大学同学办 IT 培训学校,年入百万元,贪婪、投机心再次生起,我直接从公司辞职,开始筹钱创业办学。

人没有退路的时候,真是无所畏惧。而为了满足贪婪的欲望,真的可以不惜一切。

我放下面子,四处向亲戚朋友借钱、用信用卡套现、向银行贷款,一口气开了 5 家 IT 教育培训学校,想着大赚一笔。

然而,我万万没想到的是,盲目的扩张、经营管理的不善,让学校陷入了严重的亏损。更让我绝望的是,互联网金融突然暴雷,所有的贷款业务停止合作。我最终忍痛关停所有校区,再次亏损近百万。

刹那间,我的生活发生了翻天覆地的变化。两次投机,欠下了几百万元的债务,无尽的追逐换来的是亲戚朋友的质疑、家人的不解。30 出头的我,一度陷入了抑郁。

海外创业,救我于水火之中

在我人生最低谷的那一年,我的孩子也快出生了。要承担更大的责任了,我跟自己说,必须重新站起来。

也许,人到绝境是重生,当你真的想改变时,宇宙都会来帮你

一把。

正当我四处寻找各种创业、工作机会的时候,我的前公司领导邀请我加入他们在海外支付的业务。那一年,海外支付、金融、电商、游戏等互联网行业正在兴起。

这个机会于我而言,就像沙漠中的绿洲。但这一次,我不再想投机,我想好好地把它当成一份事业去奋斗。

我开始每个月往返越南3次,跟当地的支付商户谈合作。刚去的时候,陌生的国家,语言、道路都不通,我带着助理一户户地跑,每跑10家,要被9家拒绝。

两年飞了几万公里,跑了几十家支付公司和几百家商户,在越南做过支付宝和微信的代理,也在当地做电商网站卖过二手手机,之后又和合伙人一起做互联网贷款业务。

记得开始做互联网金融分期业务的时候,我们想跟手机经销商、教育公司、房产中介公司合作,却一直被拒绝,前半年光投资人的钱就花了300万元,市场却怎么都没起色,那时的我都想放弃了。但那会儿就是有一股劲儿,反正都一无所有了,干不成大不了从头再来。

我开始研究行业规律,观察行业动态,跟当地人交流甚多,结交了大量的人脉。除此之外,我自学了广告营销,优化facebook和google搜索,从广告端减少投入;进一步加强了团队管理,设定KPI目标;优化运营、转化等各个细节。很快,我们实现了利润率10%、营收30%的稳定增长。终于,我看懂了海外金融这个行业,我们靠着实力,业务量迅速增加,到第3年,营收已破千万元。

我也终于走出负债,拥有了真正的事业,从内在生长出了底气。

热爱的力量

投资热情被点燃后，命运的齿轮再次发生转动

2020年，当我们的海外业务风生水起时，突如其来的疫情，将一切按下了暂停键。

幸好当时手里有不少存款，我意识到一定要钱生钱。恰好我一位做基金经理的朋友告诉我，他的收益率是40%，这非常吸引我。

我是金融行业出身，尽管过去踩过两次大坑，但依然为之着迷。研究了两周后，我买了四五只股，没想到3个月涨了70%，这增长率震惊了我。

投资的机会就在眼前，我决定好好做，而我知道，做好的前提是看懂形势，严控风险。

我开始了全面系统的学习。近3年，我一头扎进投资学习里，付费100多万元，跟投资界顶流的老师学习。

从价值投资的学习开始，学着分析行业、公司、财报。一年时间，我就靠投资赚了200万元，帮一个朋友筛选投资配置的3支股票，投入500万本金，半年赚了120万。

后来为了学习短线技术分析，我线下每个月飞3次去找老师求学，线上几百节课反复听，我惊讶地看到了实现财富自由的路径，决定要把股票账户当公司一样去经营。

2022年，我跟着一位从业15年，做过百亿私募基金，研究投资趋势的老师学习，开始体悟到：**投资是最好的修行。人生是一场价值投资，以投资入道，定能成为投资赢家。**

奇迹出现了。

我一边学一边实操，研发出自己的投资体系，把复盘发挥到了极致。即便在熊市，我的胜率也稳步上升，并且保持了一个纪录：100多次交易，几乎都是红线，投资胜率高达80%。

整个投资理财的系统，我完全打通了，有点兴奋。

但是谁也没想到，接下来，我做了一个震惊所有人的决定。

找到使命，打造投资界的黄埔军校

2022年初，越来越多的朋友来向我请教如何投资、如何理财、如何选股票、如何提高胜率的问题。

看到很多人遭遇投资的瓶颈，亏损非常严重，经济一度陷入危机，我突然萌生了一个念头：我要站出来，把我踩过的坑、积累的投资经验、学习到的投资精髓，总结为课程方法论，去帮助更多人。于是，我创办了投资理财训练营，创建了财富私董会的圈层。

从投资理念到操作方法，从心法到技法，怎么选品、什么可以选、什么不能选，所有的标准作业程序（sop）全部毫无保留地在课程里传授。

为了让大家投资更简单，盈利更轻松，我还耗时半年时间，找到市场上几乎所有的投资软件，研究了2000多个指标系统，做出了一款策略行情分析软件。

这款软件牛到什么程度？我找了3位从未接触过投资的朋友测试，胜率竟然达到80%以上！

我把这款工具细化成股票和期货两个体系，教给我的私教学员，即便经历熊市，他们的平均收益率也达到了20%；我在线下财富闭

热爱的力量

门会分享后,所有学员都拍案叫绝。投资小白一听就懂,投资大佬直接被颠覆认知。

这套完整的可盈利投资系统,在近 2 年时间,帮助了 500 多名投资者,多赚了 300 多万元。

写到这里,我真的很感慨。

投资难吗?难,因为要想提高胜率,必须学习规律,持续用理性战胜感性。但也不难,只要找到对的老师和方法,真的能让你少摸索 10 年。

在帮助那么多学员,通过更科学高效的投资方法赚到钱后,我决定再干一件大事!

现在处在熊市,投资市场有太多不确定的因素,但我一直坚信的是:在这个不确定的世界里,唯一确定的,是我们自己。

而在投资的世界里,唯有沉下心,练好投资这门手艺,学习掌握投资规律,规范地操作,才有可能持续、稳定地拿到结果。

这条路并不容易,但我希望能成为那个在投资路上给你底气、让你安心的人。

接下来,我立志帮助 10 万中国人通过提升财商,抓住全球投资浪潮,早日过上富足、幸福的生活。

希望每一个人,都不要赚太辛苦的钱,我希望你有更多时间,去学习、去思考、去享受,去体验生活、去热爱这大千世界。

希望每一个人,都不要赚太辛苦的钱,我希望你有更多时间,去学习、去思考、去享受,去体验生活、去热爱这大千世界。

热爱的力量

写给不那么勇敢但不轻言放弃的自己

■ 达音

高级企业合规师

在过去两年多时间里，我经历了之前认为不可能发生在自己身上的困境，刷新了我对自己以及这个世界的认知。尽管我很努力，但多数时候我是处于低谷的。幸运的是，我有自己热爱的专业，有自己喜欢做的事情，也愿意去做一些新的尝试，所以尽管我的境遇并没有好转，但我的心态逐渐变好，并不急于快点走出低谷，而是适应并接受现状，反而感觉轻松了许多，因为一切都是最好的安排。

一

这样的困境是 2021 年我的一个选择导致的。那年十月，我离开了工作多年的稳定的外企大平台，加入了一家初创公司。我是法律专业毕业的，在过去的二十年里，我在律师事务所里做过专职律师，后来又到公司里做法务工作。我一直对工作很投入，很享受工作带给我的那种成就感。我喜欢思考，擅长寻求各种不同的方法来解决问题，虽然法务是内部支持部门，但我们可以通过专业工作帮助公司预防或降低风险，为公司避免损失，这也是在为公司创造价值。我处理过形形色色的复杂案例，积累了很多经验，由于我的业务能力出色，很多业务领导也对我刮目相看（所以有一位过去的业务领导找我做个人顾问，这是之前自己种下的善果）。我那个时候意气风发，不甘心一直在大公司里做螺丝钉，决定尝试从零到一搭建合规管理体系，做一件全新的事情，所以我选择加入一个非常新的公司。我在加入之前和公司管理团队的主要成员聊了很多，感觉非常合适，也感觉他们真的非常需要我，那个时候就觉得自己特别幸运，能够遇到一群志同道合的伙伴一起开创一番事业。虽然这不是我自己创业成立的公司，但我也愿意把这份工作当作自己真正的事业去投入，去贡献自己的全部力量。**因为热爱自己的专业，热爱自己的事业，所以我有一股莫名的勇气，执意前行，不想后路，心里有一股劲儿就想往前冲**。我觉得自己能做的事情很多很多，个人能力方面可以延展的空间也是无限的，这

热爱的力量

些都让我对自己充满了信心，也让我对新的环境和岗位充满了期待！

就这样，我来到了这家初创公司，开始了我新的职业生涯。尽管之前做了很多思想准备，知道自己从外企出来可能会在这里遇到"水土不服"，但残酷的现实还是给了我当头一棒。第一，我逐渐发现公司的创始人团队并不像面试时候那般平易近人，实际上他们根本听不进去别人的意见。第二，任何决策如果与他们自己的利益甚至是习惯相左，那就不可能执行下去。第三，公司里的制度和流程是管理员工的，管理层"犯法"并不与庶民"同罪"。所以，像我这样的合规管理岗位，本应是建章立制、监督执行的角色，面对这些就完全无从入手，感觉自己之前所有的经验完全派不上用场。我开始困惑了，我的心凉了下来，有那么一瞬间想要逃跑。不过我又想，也许不会一直这样，我是为什么而来的，我是有使命感的，怎么能遇到困难就退缩呢？像这样新成立的公司，在合规管理方面尚在初级阶段，这是很正常的啊，这才是我要贡献价值的地方啊！我坚信我能打败眼下的困难，只要给我时间，我就一定能够做得很好，我有耐心，也有毅力，更有解决困难的能力！我开始积极地了解业务，学习新的业务知识，希望能把合规管理建立在支持业务的基础之上，像鸟儿筑巢一样认真地从点滴做起。但我没想到的是，我和管理层越走越远，越来越被边缘化。最后，我的心很累，不想再坚持了，在 2023 年初如同刑满释放般地选择离开，一如我选择来这里一样，我想离开的时候也是义无反顾的。

离开之后，我有相当长的一段时间心情是不好的。常常回想，我也并不是没有任何收获，自从我加入这家创业公司开始专职做合规工作以来，感觉是真的挺难的，工作很难开展，处处碰壁，沟通很不顺畅。唯一能够安慰自己的是，之前的经验和经历已经造就了自己比较强的心力，帮助自己把一长段的困难时期化整为零，让自己一个一个地去解决，因此艰难中仍获得了逆势增长，这得益于自己坚定的信念、不断自我调整的能力和扎实的专业功底。

2022年12月17晚上，我做了一场线上分享，当天有近4500人参加，有很多人提问，我感受到了他们的共情，特别荣幸能够在合规管理工作这个领域得到同行们的认可。在分享之前的那个下午，我坐在电脑前认真地想了很久：我为什么想要做这场分享？我的初心是什么？为什么想做分享？因为做合规真的挺不容易的，我特别想表达出来。**我从来没有过如此强烈的表达欲望，特别想告诉大家我在做什么，我能帮助你什么，我愿意帮助你**。当我已经迈上这条无比艰难的道路时，我经常想的是，能坚持下去就不错了。所以，我相信很多人需要陪伴、需要理解、需要真正的支持。作为一个已经在这个特殊工种撞得"头破血流"但依然义无反顾的老兵来说，我愿意分享我的经验甚至教训，哪怕对他人有一点点帮助。**不论挑战有多大，相信我，办法总比困难多，我们需要的并不是"抱团取暖"，我们需要的是"抱团成长"，明天可能比今天更困难，但我们能比今天做得更好**！

有过在创业公司的经历，让我从内心深处觉得一个人的影响力是非常重要的。一个人的专业水平再高，如果没有发出声音，只是局限在自己的小圈子里，不能影响到更多的人，那么所谓的梦想和抱负也只能是空谈。我开始意识到，我愿意面向更多的人去宣传合规，去普及合规的理念，去纠正那些对合规不正确的认识。为此，我觉得自己没有时间再低沉下去，要打起精神来重新出发。我作为起草人之一参与了《中小企业合规管理体系有效性评价》团体标准的制定工作，该标准自2022年7月1日起正式实施。进一步，我作为编委参与编写了《中国中小企业合规指南——〈中小企业合规管理体系有效性评

热爱的力量

价〉适用解读》，该指南已于 2023 年 9 月正式出版。

为了帮助更多的企业意识到合规管理的重要性，我积极参与了一些平台举办的企业 CEO 线下沙龙活动，就数据合规、合同管理、营销推广合规、供应商管理、反商业贿赂等内容进行了专题讲座。我还受邀就中小企业的合规管理体系建设问题开展过多次直播讲座，并作为讲师在"数据法盟"和"微解药"等平台开设了专门的合规管理方面的课程，手把手地教企业建设内部的合规管理体系。我也因此获得了一些与企业合作的机会，为他们企业的合规管理工作提供咨询服务，以及帮助他们培训合规管理人才。我之前做律师时合作过的客户了解到我还在本专业里深耕，并在不同类型的公司工作过后，也向我投出了橄榄枝，邀请我一起做项目或者创业。今年我参加了中国合规专业人士协会发起的大咖导师项目，作为导师，帮助想要提高自身专业水平的学员解决职业和生活上的困惑，并获得了"最佳导师"的荣誉。

经历了这些，我最大的收获是，**首先要管理好自己的身体健康，调整好自己的心态，放松身心地启航，这样不管遇到多么大的困难，都不至于因为过于紧张而制约自己。放松下来，大脑就会灵活很多，美妙的舞步才能跳起来**。不用急着奔跑，踮起脚尖舞蹈吧，这也是一种前进的姿态。

接下来，我特别想找一群有相似经验和经历的同行人，去学习，去见识更多不一样的东西。创业公司的这段经历让我更加好奇这个世界到底有多少种可能性，也特别感慨在此之前我的思想如此简单，曾经以为只有某个样子才是正确的，换成别的样子就行不通。

我非常热爱合规工作，很多人不理解，这条道路上的确荆棘丛生，但正是因为很难，我才更加坚信这是值得坚持的。合规经营是不用急着奔跑,踮起脚尖舞蹈吧,这也是一种前进的姿态。

热爱的力量

现代企业管理的必由之路,这是任何企业家和创始人都不能回避的现实。我也庆幸自己已经走上了这条挑战与希望并存的道路,不用多想,不用犹豫,继续专注,坚持下去。

这个过程将无比寂寞和漫长,但我们要感谢寂寞,它带给我们的是痛苦磨练之后的成长,是一笔无比珍贵的人生宝藏。

写在 2023 年末,写给不那么勇敢但又不轻言放弃的自己。

热爱的力量

爱跑步，写日记，一辈子

■ 后学郑敏

日记星球创业导师

"爱跑步一辈子"俱乐部创始人

热爱的力量

大家好,我是后学郑敏。很多人很好奇我的这个微信名字,甚至还有新加我的朋友会问我是不是姓后。"后学"是什么意思?我认为"后学"就是跟在大家后面学习的意思。

我在北京,主业是医药运营。因为职业关系,比较重视健康和生命质量。我的一个业余爱好是跑步,参加过上百场马拉松、越野跑比赛,并影响了上千人养成跑步的习惯。目前也是一名日记文化传播大使。

我出生在南方的一个小乡村里。从我记事起,有好几年,家里似乎就弥漫着药罐子煎煮中药的味道。那时的我,常常在上学的路上会忍不住掉泪,再俯下身子去磕几个头,乡村的土路上大部分时间没有什么车,甚至经常看不到人,其实我也不知道这么做意义何在,可能是祈求上苍能保佑我的家人早些好起来。只是,这种方式并未奏效,最爱我的人还是永远离我而去了。那年,我才十一岁。

再后来,一路求学,从小乡村考到大城市,看到了车水马龙的街市,以及操着各种方言的人们,突然意识到自己好渺小。

在渐渐适应了都市生活后,我觉得大家都是人,即便一些取得成就的人,起初也是很平常的。**那么我没有的,我可以主动去创造,我觉察到自己会拥有无限的可能,只要去努力,就一定可以做到。**

大学毕业后的我,从事的是医药行业,这个行业很难用几句话说清,只能说良莠不齐,水很深。它既有着救死扶伤、体现人性美好的一面,也有着丑陋不堪、不足为外人道的一面,相信大家从很多的新闻报道里也能看出一二。

我熟知很多医药产品,和很多医药专家打过交道,也目睹过很多生离死别,可是自己认识和接触的人越多,我的内心越发失落,再好的药物，再好的医疗专家，在很多时候都是无能为力的，你只能眼睁睁地看着一条条生命离开人世，由不得你万分不情愿。

健康是福，健康第一，这些话相信大家都听得多了，但是知道和做到，其实距离遥远得很。我是遇见一位跑过马拉松的兄长后，才洞悉运动对于健康的重要性的。

其实刚开始，我对跑步没有多大好感，觉得太无聊，也太辛苦。可在这位兄长的影响下，我开始了长跑之路，最开始时跑五公里都大口喘气，连跑带走才勉强完成。

那时国内跑步的人非常少，即便在北京这样的大城市里，也鲜少看到跑步的人。记得好几次，我在跑往香山的路上去小卖部买水喝，商店老板用好奇的语气问我："你是专业的运动员吗？"我只能略带尴尬地回复他："不是的，跑步只是我的一个爱好。"他听完露出颇为惊讶的神色。

就这样跑着跑着，我爱上了跑步，并在2009年完成了自己的第一个全程马拉松——北京马拉松。

从此以后，一发不可收拾，在过去的十多年里，我先后参加了大大小小的马拉松、越野跑比赛近百场，个人马拉松最好成绩在三小时以内，最长单次跑步距离超过两百公里。而且在2013年也成立了人数达几百人的跑团，平时会定期组织大家长距离约跑和线下交流，由此影响和带动了上千人养成跑步的习惯。

跑步是一项看似简单却又不简单的运动。很多人刚开始对跑步也有热情，但跑着跑着，要么因为伤病，要么因为厌倦跑步的枯燥与单调，或者是其他原因，很难长期坚持下去，他们还没有体验到跑步带给自己的好处，就人云亦云地说跑步伤膝盖、跑步会猝死等等。

我通过过去十多年的跑步实践，以及虚心请教不少跑步专业人

热爱的力量

士,慢慢形成了一套无伤跑步训练方法。其实,以前的我并不是每天跑步,大约一周跑四到五次居多。如今我每天至少完成十公里,已经连续跑了一千六百多天。这样的尝试,其实也是在验证一种可能性:每天保持适当的跑步锻炼,是否能给自己一个健康的身体状态?

通过过去这四年多的亲身验证,我觉得在我身上看到了一个很明显的结果,而且非常正向。今年五月,我甚至开了直播,在直播间里给大家分享无伤跑步知识和理念,无论是线上还是线下,我都乐意把我的经验分享给更多的人。

我的一个愿景是:**影响一万人,无伤跑步一辈子**。

再来说说我与日记星球的结缘故事。

大约在 2021 年末,微信里有好几位朋友先后邀请我来"日记星球"写日记。

说实话,刚开始我是有几分抵触的,我以前念书时有过写日记的习惯,前前后后写了有十几年吧,后来工作后就不再写了。再说即使我想恢复写日记,何必和你们一起写呢?我自己买个日记本,或者在网上写,不是一样可以写吗?

不过我也留意到他们当中,有人真的非常认真地在朋友圈更新着日记,人和人之间肯定是相互影响的。我从 2022 年元旦那天开始,也尝试着每天写一篇文章,其实想法也没有多宏伟,就是想看看自己能坚持多久,因为我每天都跑步,在日记里我就把跑步的一些感受记录下来,感觉也是一种不错的复盘。

就这样写到四月,在 4 月 7 号那天,我认识了家玲老师,觉得她是一个比较有意思的人。她的日记以大白话居多,并无多少润色修饰。大道至简,用在她身上就特别合适。我觉得,这也是我向往的一种境界,所以通过家玲老师,我来到了日记星球。

刚去美篇看了一下,这一路下来,我居然写了698篇日记。看似一个很小的动作,每天更新一篇日记,给我带来的收获却是巨大的。

我在这里总结一下,写日记带给我的收获大致有以下几点。

①**写日记,让人生有迹可循。**

在这个快速发展的时代,很多东西包括记忆都是碎片化存在的,不用说几年,可能上个月甚至上周发生的事情,如果你不记录,可能就随风飘逝了。

而当我每天花上十几分钟来整理当天经历的事情或者所思所想,基本上就能很容易勾勒出生活日常的模样,即便不是面面俱到,也能通过一篇篇日记把很多相干或不相干的事情串起来。这其实就是每日的复盘,无复盘不翻盘!

②在日记星球的一年半多时间里,**我结识了很多良师益友,极大地开阔了眼界,也接触到了一个非常优质的圈子**。

我是2022年4月7日加入日记星球的,仿佛打开了一扇门,里边别有洞天。日记星球里边人才济济,而且大家都高度自律,极致利他。

创始人小牛妈妈,怀着让一亿人写日记的使命引领着大家前行,而且她超级落地,很接地气!

在日记星球近两万名会员里,我还结识了很多优秀的老师,他们每一个人的身上,都有着很多我不具备的优秀品质,我想向他们学习!

③我在日记星球里**获得了充分的锻炼和成长,而且拿到了成果**。

在日记星球的这些日子里,我从一名普通的年度会员做起,到成为合伙人,再蜕变成长为首席创业导师,通过日记直接变现的收入超过六位数,间接变现的收入达到七位数。

热爱的力量

在日记星球写日记,你可以理解为通过日记这个工具来打造个人影响力,因为写日记也是一种长期主义,而且日记文字是有温度的,它更容易让人对你产生信任,进而靠近你,跟随你。

行文至此,无论是我热爱的跑步,还是目前分享传播日记文化,我都愿意把它们一直坚持下去。因为,跑步能让自己有一个好的身体状态,日记能让自己心有所宿,只向内求。

期待在未来的岁月里,你我可以一起奔跑,一起来记录各自生命的精彩!

最后,我想把这样一段话分享给有缘人,让我们一起共勉:

我对任何唾手可得、快速、出自本能、即兴、含糊的事物没有信心。我相信缓慢、平和、细水长流的力量,踏实,冷静。我不相信缺乏自律精神、不自我建设、不努力,可以得到个人或集体的解放。

是为记。

跑步能让自己有一个好的身体状态，日记能让自己心有所宿，只向内求。